化妆品生产 质量管理规范

240 Frequent Questions on Cosmetics GMP

主　编　田少雷

副主编　吴生齐　陈　晰

编　委（以姓氏笔画为序）

　　　　牛梦瑶　田少雷　田育苗

　　　　李　菲　杨珂宇　吴生齐

　　　　陈　晰　陈坚生　梁杰康

人民卫生出版社
·北京·

图书在版编目（CIP）数据

化妆品生产质量管理规范 240 问 / 田少雷主编 . --
北京：人民卫生出版社，2023.9
ISBN 978-7-117-35246-8

Ⅰ.①化… Ⅱ.①田… Ⅲ.①化妆品-生产技术-质
量管理-管理规范-中国 Ⅳ.①TQ658-65

中国国家版本馆 CIP 数据核字（2023）第 172358 号

人卫智网	www.ipmph.com	医学教育、学术、考试、健康，购书智慧智能综合服务平台
人卫官网	www.pmph.com	人卫官方资讯发布平台

化妆品生产质量管理规范 240 问
Huazhuangpin Shengchan Zhiliang Guanli Guifan 240 Wen

主　　编： 田少雷
出版发行： 人民卫生出版社（中继线 010-59780011）
地　　址： 北京市朝阳区潘家园南里 19 号
邮　　编： 100021
E - mail： pmph @ pmph.com
购书热线： 010-59787592　010-59787584　010-65264830
印　　刷： 三河市尚艺印装有限公司
经　　销： 新华书店
开　　本： 710×1000　1/16　印张：9
字　　数： 121 千字
版　　次： 2023 年 9 月第 1 版
印　　次： 2023 年 10 月第 1 次印刷
标准书号： ISBN 978-7-117-35246-8
定　　价： 42.00 元

| 前言 |

化妆品是指以涂擦、喷洒或者其他类似方法，施用于皮肤、毛发、指甲、口唇等人体表面，以清洁、保护、美化、修饰为目的的日用化学工业产品。与其他种类的日用化学工业产品不同，化妆品施用并作用于人体，直接关系到消费者的健康与安全，因此，其质量安全十分重要。

国务院 2020 年 6 月 29 日发布的《化妆品监督管理条例》（以下简称《条例》）第二十九条规定："化妆品注册人、备案人、受托生产企业应当按照国务院药品监督管理部门制定的化妆品生产质量管理规范的要求组织生产化妆品，建立化妆品生产质量管理体系，建立并执行供应商遴选、原料验收、生产过程及质量控制、设备管理、产品检验及留样等管理制度。"同时，《条例》第六十条还明确了"未按照化妆品生产质量管理规范的要求组织生产"的法律责任。所以实施《化妆品生产质量管理规范》（以下简称《规范》）是对我国化妆品企业的法规强制要求。为了落实《条例》规定，国家药品监督管理局组织制定了《规范》，于 2022 年 1 月 7 日发布，自 2022 年 7 月 1 日起正式施行。同年 10 月 25 日发布了《化妆品生产质量管理规范检查要点及判定原则》（以下简称《检查要点》），于 12 月 1 日起施行。

《规范》和《检查要点》的发布实施，对化妆品企业建立健全生产质量管理体系，持续稳定生产出质量合格的化妆品，以及监督检查人员规范开展化妆品生产许可和监督检查工作都有着重大的意义。但由于《规范》在我国属首次发布实施，无论化妆品注册人、备案人和受托生产企业人员，还是化妆品监督检查人员在学习和贯彻其要求的过程中，大多会有一些疑问与困惑。实际上，在《规范》的宣传、贯彻和培训中，的确经常会有企业或监管部门的代表提出各种各样的问题。为此，我们收集了其中较高频率或较有代表性的 240 个问题并组织化妆品检查专家和专职检查员进行了解答。

国家药品监督管理局食品药品审核查验中心专家级检查员田少雷主任药师和广东省药品监督管理局药品检查中心副主任吴生齐主任药师分别担任主编和副主编，两个中心的 7 位专职化妆品检查员参与了本书的编写工作。全书由田少雷统稿并经编写委员会集体讨论定稿。在此，谨对关心和支持本书编写的各级领导和专家致以诚挚的感谢！

本书力求客观、专业、准确地解答贯彻落实《规范》和《检查要点》实施中遇到的常见问题，但限于时间和水平，肯定会有疏漏、不妥之处，恳请各位读者批评指正。作为一本参考读物，本书对相关问题的解答如与相关法律法规有不一致之处，请以后者为准。

编者

2023 年 6 月 15 日

| 目录 |

第三章　质量保证与控制　/ 025

第四章　厂房设施与设备管理 / 045

第五章　物料与产品管理 / 059

第六章　生产过程管理 / 071

第七章　委托生产管理 / 087

第八章　产品销售管理 / 099

第一章　总　则

1. 为什么说《规范》是对化妆品企业的法定要求？

《条例》第二十九条规定："化妆品注册人、备案人、受托生产企业应当按照国务院药品监督管理部门制定的化妆品生产质量管理规范的要求组织生产化妆品，建立化妆品生产质量管理体系，建立并执行供应商遴选、原料验收、生产过程及质量控制、设备管理、产品检验及留样等管理制度。"《化妆品生产经营监督管理办法》第二十四条规定："国家药品监督管理局制定化妆品生产质量管理规范，明确质量管理机构与人员、质量保证与控制、厂房设施与设备管理、物料与产品管理、生产过程管理、产品销售管理等要求。"

《条例》第六十条第（三）项将"未按照化妆品生产质量管理规范的要求组织生产"列为严重违法行为，企业承担本条规定的法律责任包括：没收违法所得、违法生产经营的化妆品和专门用于违法生产经营的原料、包装材料、工具、设备等物品；违法生产经营的化妆品货值金额不足 1 万元的，并处 1 万元以上 5 万元以下罚款；货值金额 1 万元以上的，并处货值金额 5 倍以上 20 倍以下罚款；情节严重的，责令停产停业、由备案部门取消备案或者由原发证部门吊销化妆品许可证件，对违法单位的法定代表人或者主要负责人、直接负责的主管人员和其他直接责任人员处以其上一年度从本单位取得收入的 1 倍以上 3 倍以下罚款，10 年内禁止其从事化妆品生产经营活动；构成犯罪的，依法追究刑事责任。

所以,《规范》是我国对化妆品注册人、备案人、生产企业的法定要求。按照《规范》建立并运行质量管理体系是化妆品注册人、备案人和生产企业的主体责任。

2. 为什么要实施《规范》?

化妆品作为一种特殊日用化工产品,是一把"双刃剑",既可给使用者带来美的体验、美的享受、美的愉悦、美的魅力,也可能带来身体健康方面的安全风险。这种风险既可能是由合格化妆品的不良反应引起的,也可能是由伪劣、非法生产的化妆品引起的,还可能是由消费者的非正确使用、滥用或误用引起的。

化妆品潜在的安全风险可能存在于化妆品研发、注册备案、生产、销售、使用的全过程。其中,生产过程是形成化妆品特性的关键环节,因此产生安全隐患的可能性最大。由于化妆品的生产过程是一个复杂的链条,会涉及多人操作,执行多个过程,涉及多种产品和物料,任何环节、工序或活动的控制疏漏或管理不当都可能带来质量安全风险。这些风险包括:生产企业使用了不合格原料;同时处理多种原材料、包装材料、散装产品和成品而发生混淆;产品配方过程中添加成分类别和数量可能出现差错;环境、人员健康卫生问题带来产品的污染;生产相关人员流动以及材料、产品的多次移动可能造成污染;员工操作不熟练、不尽职带来的差误;生产工艺不稳定,生产参数控制不严格;原料和成品的不当处理和转移造成的变质;设备维护操作后密封不良或称重后原料容器密封不良造成的污染;不合格原料或不合格产品被误用;退货产品被混用;等等。正因如此,化妆品生产过程中各种风险和差误有效的控制,对保证化妆品的质量显得尤为重要。

严格按照《规范》建立并有效运行生产质量管理体系,可以避免和减少产品生产过程中可能存在的污染、交叉污染和差误等潜在风险，以确保持续、稳定地生产出符合质量安全的化妆品，从而保证化妆品消费者的安全和健康。

3. 《规范》的实施主体有哪些？是否包括境外企业？

《规范》的实施主体为在我国境内生产、经营化妆品的注册人、备案人、受托生产企业。既包括我国国内注册的化妆品注册人、备案人及其受托生产企业，也包括向我国境内出口化妆品的境外（含中国港、澳、台地区）化妆品注册人、备案人及其受托生产企业。这既符合国际惯例，也符合公平、对等原则。

4. 《规范》与企业质量管理体系是何关系？

《规范》第二条将本《规范》定位为化妆品生产质量管理的基本要求。

质量管理体系（quality management system，QMS）是指在质量方面指挥和控制组织的管理体系。它将资源与过程结合，以过程管理方法进行系统管理，根据企业特点选用若干体系要素加以组合，可以理解为涵盖了确定顾客需求、设计研制、生产、检验、销售、交付等全过程的策划、实施、监控、纠正与改进活动的要求。

《规范》是对机构与人员、质量保证与控制、厂房设施与设备、物料与产品、生产过程、产品的销售等方面原则性的规定。

由此可见，满足《规范》全部要求，仅意味着企业的 QMS 达到了法规的基本要求，如果企业要确保 QMS 的有效运行，真正保证所有产品的质量安全，还需要在基本要求的基础上，结合企业实际，充分发挥企业的能动性，进一步提高质量管理水平。

5. 企业实施《规范》的前提是什么?

《规范》作为企业建立并运行质量管理体系的技术标准,其有效实施的前提是依法依规、诚实守信地开展生产、经营活动。如果做不到依法依规、诚实守信,实施《规范》就是空谈。

6.《规范》具有哪些特点?

《规范》具有下列鲜明的特点。

(1)以化妆品注册人、备案人为主线:《规范》较好地体现了《条例》第六条"化妆品注册人、备案人对化妆品的质量安全和功效宣称负责",即化妆品注册人、备案人是化妆品质量安全的主体责任人的理念。主要反映在如下方面:一是《规范》的各章内容几乎均适用于注册人、备案人;二是注册人、备案人无论是自行生产还是委托生产均应当建立自己的质量管理体系,配备必要的组织机构和质量安全管理人员,制订相关的管理制度,建立健全记录系统;三是要求注册人、备案人对受托生产企业履行遴选和监督责任;四是设立了产品"双放行""双留样"制度,要求注册人、备案人在生产企业出厂放行基础上对产品再放行,在生产企业留样基础上再留样。

(2)各种责任主体清晰明确:《规范》对注册人、备案人、受托生产企业、半成品生产企业均有相应的要求。专门设立"委托生产管理"一章,对委托生产的注册人、备案人的质量管理体系的建立提出明确要求。对委托生产还考虑到了由委托方提供原料和由受托方采购原料两种情形。而且,首次将半成品生产企业也列入《规范》实施的范围,并在半成品标签管理、使用效期、留样等方面设立了专门的要求。

(3)涵盖化妆品的整个生命周期:ISO 22716:2007〔*Cosmetics—Good Manufacturing Practices*(*GMP*)*—Guidelines on Good Manufacturing Practices*,

《化妆品生产质量管理规范——GMP 指导原则》] 及其他国家或地区的化妆品 GMP 一般仅涵盖生产过程的质量管理，虽然也可能涉及产品上市后的退货和召回，但主要目的是强调生产企业对退货和召回后的处理和分析，以便发现产生不合格产品的原因，为纠正预防提供依据，避免类似问题的出现。《规范》以注册人、备案人为主线，因此其内容要求向前延伸到产品的注册备案环节，即质量安全负责人要对产品安全评估报告、配方、生产工艺等注册、备案资料进行审核，向后延伸到销售后环节，包括销售记录、运输贮存、投诉退货处理、不良反应监测和产品召回。《规范》在质量管理体系的建立方面实现了与《化妆品注册备案管理办法》的较好衔接。

（4）特别重视法律法规的要求：根据惯例，按照《规范》建立质量管理体系的前提条件应当是企业遵守法规、诚实守信。但考虑到我国化妆品行业的现状，《规范》反复强调化妆品企业应当遵法守规。在全文中，"熟悉""符合"或"依照""法律法规、强制性国家标准、技术规范"的表述共出现 7 次。

（5）强调"因企制宜"，不搞"一刀切"：在我国具备化妆品生产许可的 5 500 多家生产企业中，既有一定数量的年产值上亿元的大型企业，也有年产值上千万元的中型企业，还有更多数量的年产值仅有数十万元到数百万元的小型企业。因此，《规范》充分体现了实事求是，"因企制宜"不搞"一刀切"。在《规范》全文中要求"与生产的化妆品品种、数量和生产许可项目等相适应"的条款共出现 5 次。

7. 质量管理体系主要包括哪些环节？

企业建立的化妆品生产质量管理体系，包括五个方面，即"人、机、料、法、环"。人，是指人员管理；机，是指设施设备、仪器管理；料，是指物料管理；法，是指文件管理；环，是指生产环境管理。

8.《规范》实施的意义是什么?

　　《规范》的发布与实施是我国化妆品监管历史上里程碑式的大事。将有利于提高我国化妆品的质量安全管理水平,保障我国消费者的安全健康用妆;有利于倒逼企业提高质量管理和技术水平,引领行业健康发展;有利于净化市场环境,扩大我国优良优秀企业市场份额;有利于淘汰落后产能,促进我国从化妆品消费大国向生产强国转变。

9. 对质量管理体系中的组织机构的建立有什么具体要求？

鉴于不同的化妆品生产企业的组织形式、生产方式、生产规模、产品复杂程度和风险程度大相径庭，组织管理机构的设置模式不必强求一律。因此，《规范》没有对企业组织机构的设置模式和所有职能部门的设置作出具体要求，仅提出了原则性要求，即企业的组织机构应当"与生产的化妆品品种、数量和生产许可项目等相适应"。也就是说，企业要根据自身实际，包括化妆品的生产规模、产品类型与特点、质量方针与质量目标、工艺流程、人员结构等情况设立组织机构，使可能影响产品质量的所有因素（人、机、料、法、环等）都能够得到有效控制。

10. 什么是组织机构图？组织机构图一般包括哪些部门？

组织机构图是通过框架图等方式，定义、呈现质量管理体系的组织机构及所属部门的职责、权限、质量管理职能，以及部门之间可能存在的各种关系，包括隶属关系、协调关系和信息传递关系等。建立合理的组织结构并以清晰的组织机构图进行体现，是企业进行质量管理的基本保障之一，以明确各部门分工，规定工作流程，畅通交流协调渠道，实现质量管理目标等。

除了企业管理层外，企业的组织机构图一般包括的部门有：研发部、生产部、质量管理部、销售部、行政部及售后服务部等。

11. 企业组织机构图中是否需要明确各部门、各岗位的具体人员？

组织机构图中各部门的设置及相互关系应该清晰明确，一般不出现部门负责人或具体岗位人员姓名。各部门负责人及影响产品质量的岗位人员由企业负责人通过任命文件进行任命，并在其任命书中明示其职责、权限和义务。组织机构图中体现的负责人或岗位人员的职责应当与人员任命书保持一致。

12. 化妆品生产企业哪些岗位需要任命书？任命书包括哪些内容？

一般来说，从事化妆品生产和质量管理的岗位，包括关键管理岗位和直接从事化妆品生产的操作人员，均需要由企业法人签发任命书。

任命书一般包括任命人员名称、任职岗位、任职开始时间、周期、任命人（企业法人）签字及日期，以及岗位职责等。岗位职责在企业人员岗位职责文件中有明确规定的，可以省略。

13. 化妆品企业一般应配备哪些人员？配备人员的基本原则是什么？

化妆品企业配备的人员包括：

（1）管理人员，包括企业主要负责人、质量安全负责人，质量管理部门和生产部门等各部门负责人及质量管理部门人员。

（2）技术人员，例如研发人员、设备管理技术人员。

（3）操作人员，例如生产操作工、库管员、检验人员等。

企业配备人员首先应当考虑与生产的化妆品品种、数量和生产许可项目等相适应。具体而言，人员配备时既要有数量的概念，还要有素质的考虑。人员数量依据工作量和强度而定，人员素质的要求则要考虑岗位的性质、专业技术要求、对产品质量的影响程度等因素。总之，要按需定岗，以岗定人，按能选人。

14. 质量管理部门的职责包括哪些方面？

企业质量管理部门的职责包括以下方面：

（1）组织企业内部质量管理体系的策划、实施、监督工作，负责起草制订质量手册和质量体系文件。

（2）参与产品研发工作，对产品、物料的技术要求或规格标准，提出意见或建议，确保产品注册备案资料符合法规要求。

（3）按照法规要求及本企业产品实际，组织编写检验标准和检验规程，组织实施对原材料、半成品、产品的检验和环境的监控检测，并出具检验报告。

（4）组织开展生产工艺、生产设施设备等的验证工作。

（5）组织公司内部对不合格品的评审，针对质量问题组织制订纠正、预防和改进措施，并追踪评价。

（6）负责形成相关记录，包括采购验收记录、批生产记录、检验记录、销售记录的统筹、归档管理，定期进行质量分析和考核。

（7）负责计量仪器设备的管理工作，完成计量仪器的定期检定并做好检定记录和标识。

（8）负责检验测量和试验设备的控制，确保产品质量满足规定的要求。

（9）参加对供方的评审，参加用户反馈意见的分析和处理。

（10）开展对退货产品、投诉举报、召回产品、不合格品的评价与分析，研究制定纠正与预防措施。

（11）具体承担原料、半成品及产品检验和放行审核工作。

（12）开展质量控制的日常检查工作，及时发现影响产品的质量问题。

（13）开展质量体系自查和管理评审工作，督促相关部门及时整改相关问题，并评价整改效果。

（14）研究制订质量管理培训计划，组织对企业人员法规、质量体系文件的培训和考核工作等。

15. 企业的质量管理部门为什么要独立设置？

质量管理部门是企业组织机构中非常重要的部分。设立独立于研发、生产管理体系之外的质量管理部门，是从企业管理制度上确保质量管理部及其部门负责人的权力。只有充分赋权才能充分发挥质量管理部门对其他部门质量相关问题的监督和管理作用，保证其客观公正性，独立履职不受到干扰。

16. 企业应如何建立质量安全责任制？

企业应当根据其组织架构建立化妆品质量安全责任制，对整个质量保证体系中涉及的各部门、具体岗位、具体管理人员和操作人员等的责任进行分配、授权和落实。通常以岗位职责文件或授权书的形式，书面规定企业法定代表人（或者主要负责人）、质量安全负责人、质量管理部门负责人、生产部门负责人以及其他化妆品质量安全相关岗位的职责。企业各岗位人员按照其岗位职责的要求逐级履行质量安全责任，保证相关履职记录真实可追溯。

17. 法定代表人与企业主要负责人有什么异同？

法定代表人是指依法律或法人章程规定代表法人行使职权的负责人。我国法律实行单一法定代表人制，法定代表人需要依法登记，企业营业执照会载明"法定代表人"。法定代表人有权在法律规定的职权范围内，直接代表法人对外行使职权。

企业主要负责人是指负责企业日常运营的最高管理者，通常履行总经理职责。主要负责人对内、外行使权力都要受到法定代表人授权，只能在法定代表人授权的职责范围内代表法人开展活动。

法定代表人和主要负责人可以是同一自然人，也可以是不同的自然人。在法定代表人和主要负责人中，应当由真正负责企业日常运营的最高管理者对化妆品质量安全工作全面负责。

18. 法定代表人（或者主要负责人）在质量管理体系中的职责主要包括哪些？

根据《规范》和《企业落实化妆品质量安全主体责任监督管理规定》相关规定，法定代表人（或者主要负责人）的职责包括：

（1）确保质量管理体系有效运行所需资源的提供。

（2）科学计划生产和质量活动，精密组织各项质量管理工作，合理协调发挥生产和质量管理各职能部门的作用，确保企业各部门、各环节均按照法规和规章的要求开展工作。

（3）确保企业质量方针的实施和质量目标的实现。

（4）委托本企业其他人员代为履行化妆品质量安全全面管理工作的，应当对其代为履行职责情况进行监督。

（5）保障质量安全负责人依法开展化妆品质量安全管理工作，并督促本企业质量安全相关部门配合质量安全负责人工作。

19. 法定代表人（或者主要负责人）应当提供哪些资源？

化妆品生产企业运行需要的资源主要包括基础设施、工作环境、物料、资金和人力资源等。基础设施是企业运行所必需的设施、设备和服务等，一般包括建筑物、工作场所和相关的设施、设备（硬件和软件）、支持性服务（如运输或信息化）等。工作环境是指完成工作所处的一组条件，广义地讲，可以包括物理的、社会的、心理的和环境的因素，但对化妆品生产企业来讲工作环境主要指物理条件。

20. 什么是质量方针？制定质量方针需遵循什么原则？

质量方针（quality policy）是指由企业的最高管理者正式发布的企业总的质量意图和质量方向。通常质量方针与企业的总方针相一致并为制定质量目标提供框架。

质量方针的制定应遵循下列原则：

（1）应适应企业的宗旨、环境并支持其战略方向。

（2）能够为企业进一步要建立的质量目标提供框架。

（3）应包括满足适用要求的承诺。

（4）应包括持续改进质量管理体系的承诺。

（5）应由企业最高管理者正式批准发布，体现权威性。

21. 什么是质量目标？制定质量目标需遵循什么原则？

质量目标（quality objective）是指企业质量追求的目标。质量目标通常建立在企业的质量方针基础上，通常对企业的各相关职能和层次分别规定质量目标。企业可以根据质量方针制定特定时限内、指定职能和指定层级的质量目标，如年度质量总目标、部门分解目标等。质量目标通常是可测量的。

质量目标的制定遵循 SMART 原则。

（1）S（specific）具体的：企业应当针对与质量相关的各职能、各层次和质量管理体系所需的各个过程建立具体的质量目标。

（2）M（measurable）可测量的：应当明确量化指标，并作为评价各职能、各层次质量管理工作的依据。

（3）A（achievable）可实现的：制定的各项指标，应当结合企业实际，科学合理，能够实现。并明确要做什么、需要什么资源、由谁负责、何时完成以及如何评价结果。

（4）R（relevant）相关的：应当与质量方针保持一致，并考虑保证产品质量及提升顾客满意度相关的要求。

（5）T（time-based）基于时限：应当设立质量目标实现的时限，能够定期监测、沟通、评估并适时更新。

22. 为什么要设置质量安全负责人？

由于企业主要负责人（最高管理者）除质量管理方面的职责外，还需承担其他企业运营方面的大量职责，不一定有足够的精力及时间用于质量管理工作。因此《条例》规定企业设置质量安全负责人代替主要负责人（最高管理者）承担质量管理体系的具体组织管理工作，可以提升质量管理体系建立和运行的质量。质量安全负责人本质上就是主要负责人（最高管理者）的助手。

23. 质量安全负责人应当具备什么资质？

《规范》要求，质量安全负责人应当具备化妆品、化学、化工、生物、医学、药学、食品、公共卫生或者法学等化妆品质量安全相关专业知识，熟悉相关法律法规、强制性国家标准、技术规范，并具有 5 年以上化妆品生产或者质量管理经验。

企业在任命质量安全负责人时应当充分考虑企业实际情况，所聘任的质量安全负责人不仅要满足《规范》要求的基本条件，更要是真正具备相应能力和经验的人员。

在《规范》中，虽然淡化了对质量安全负责人的学历要求，但是明确要求其具有化妆品、化学、化工、生物、医学、药学、食品、公共卫生或者法学等化妆品质量安全相关专业知识。对于一些具有丰富化妆品生产或者质量管理工作经验，但专业知识教育背景相对不足的人员，可以通过非学历教育或有效的培训来弥补。

24. 质量安全负责人应当具备哪些履职能力？

根据国家药品监督管理局（以下简称国家药监局）2022 年 12 月 29 日发布的《企业落实化妆品质量安全主体责任监督管理规定》，企业质量安全负责人应当具备下列履职能力。

（1）专业知识应用能力：具备满足履行岗位职责要求的化妆品质量安全相关专业知识，并能够在质量安全管理工作中应用。

（2）法律知识应用能力：熟悉化妆品相关的法律法规，能够保证企业质量安全管理工作符合法律法规规定。

（3）组织协调能力：具备组织落实本企业化妆品质量安全责任制的领导能力，能够有效组织协调企业涉及质量安全相关部门开展工作。

（4）风险研判能力：熟悉化妆品质量安全风险管理工作，能够对企业生产经营活动中可能产生的产品质量风险进行准确识别和判断，并提出解决对策。

（5）其他应当具备的化妆品质量安全管理能力。

25. 质量安全负责人具备哪些方面的生产或质量管理经验，可以折抵化妆品生产和质量管理经验？

考虑到当前化妆品行业发展的迫切需要，对于"化妆品生产或者质量安全管理经验"的认定，应当符合法规立法原意和监管实际。《国家药监局综合司关于化妆品质量安全负责人有关问题的复函》（药监综妆函〔2022〕224号）中提出："鉴于药品、医疗器械、特殊食品等健康相关产品的生产或者质量安全管理的原则与化妆品生产或者质量安全管理的原则基本一致，在监管实践中，化妆品质量安全负责人在具备化妆品质量安全相关专业知识的前提下，其所具有的药品、医疗器械、特殊食品生产或者质量管理经验可以视为具有化妆品生产或者质量安全管理经验。"

26. 质量安全负责人的职责包括哪些？

质量安全负责人应当协助法定代表人承担下列相应的产品质量安全管理和产品放行职责。

（1）建立并组织实施本企业质量管理体系，落实质量安全管理责任，定期向法定代表人报告质量管理体系运行情况。

（2）产品质量安全问题的决策及有关文件的签发。

（3）产品安全评估报告、配方、生产工艺、物料供应商、产品标签等的审核管理，以及化妆品注册、备案资料的审核（受托生产企业除外）。

（4）物料放行管理和产品放行。

（5）化妆品不良反应监测管理等。

27. 需要质量安全负责人签署的质量安全决策及有关文件主要有哪些？

需要质量安全负责人审核并签署的质量安全决策及有关文件，主要包括：

（1）质量管理体系建立运行相关的文件。

（2）质量管理体系自查和管理评审的方案和报告。

（3）产品质量安全内外审发现问题的分析评估、整改方案和报告。

（4）产品生产工艺验证和生产环境、生产设施设备的验证或确认报告。

（5）企业人员培训年度计划及考核评价报告。

（6）注册备案资料审核报告。

（7）产品年度安全报告。

（8）合格供应商审核评估或再评估报告。

（9）物料或产品的逐批放行报告。

（10）共用生产车间或生产设备生产非化妆品类产品的风险评估报告。

（11）其他与产品的质量安全相关的报告。

28. 质量安全负责人对本企业化妆品注册备案资料审核的重点包括哪些内容？

在产品注册或者备案（含首次申请注册或者提交备案、注册备案变更、注册延续）前，质量安全负责人应当对产品名称、产品配方、产品执行的标准、产品标签、产品检验报告、产品安全评估等注册或者备案资料以及功效宣称评价资料的合法性、真实性、科学性、完整性等进行审核；发现问题的，应当立即组织整改，在整改完成前不得提交产品注册申请或者进行备案。

普通化妆品在提交化妆品年度报告前，质量安全负责人应当组织对年度报告内容的真实性、准确性等进行审核；发现问题的，应当立即组织整改。

29. 质量安全负责人如何履行物料和产品的放行职责？物料和产品的放行职责一般由谁来具体承担？

首先，质量安全负责人应当组织制定物料和产品放行的程序，包括放行承办人员、审核程序、审核重点和标准。

其次，质量安全负责人应当组织对物料，尤其是关键物料的逐批放行和产品的放行，确保验收合格的物料才能够投入使用，确保只有检验合格且相关生产和质量活动记录均经审核的化妆品才能出厂销售。

放行承办人员一般为质量管理部门人员，结果经质量管理部门负责人审核签字后，交由质量安全负责人批准签字，才可放行。

第三，企业应当形成产品放行记录。记录应当包括产品放行时间、放行产品的名称、批号、数量、放行检查的内容，以及审核批准结论。

质量安全负责人发现产品存在质量安全风险或不符合放行要求的物料和产品均不可放行，并立即组织采取风险控制措施，分析评价原因，做好纠正与预防措施，并及时报告法定代表人。

30. 如何保证质量安全负责人独立履职，不受其他人的干扰？

首先，在企业的质量体系文件中明确规定质量安全负责人应当独立履职，不受其他人员，特别是企业主要负责人或同级其他管理人员干扰，并规定如果其他人恣意干涉质量安全负责人的正确决策应当承担的责任和惩罚措施。

其次，企业法定代表人在作出质量安全决策前也应当充分听取质量安全负责人的意见。

第三，质量安全负责人应当正确履职，在受到干扰时，要坚持自己的立场，牢记自己的法律责任。

当然，质量安全负责人也应当不断提高自己的履职能力，在工作中应注意倾听善意的，尤其是对保证产品质量安全的有利和正面的建议。

31. 质量安全负责人哪些职责可授权他人代为履行？

质量安全负责人的职责中，除了（1）建立并组织实施本企业质量管理体系，落实质量安全管理责任，定期向法定代表人报告质量管理体系运行情况和（2）产品质量安全问题的决策及有关文件的签发两项职责外，其他职责可授权他人协助履行。

32. 质量安全负责人指定其他人员协助履行部分职责的，被指定人员应当具备何种资质和能力？是否必须为质量管理人员？

被指定人员应当具备相应资质和履职能力，资质要求应当与质量安全负责人相同，即具备化妆品、化学、化工、生物、医学、药学、食品、公共卫生或者法学等化妆品质量安全相关专业知识，熟悉相关法律法规、强制性国家标准、技术规范，并具有 5 年以上化妆品生产或者质量管理经验。

委托履行职责需经法定代表人书面同意，且其协助履行上述职责的时间、具体事项等应当如实记录，确保协助履行职责行为可追溯。质量安全负责人应当对协助履行职责情况进行监督，且其应当承担的法律责任并不转移给被指定人员。

委托履行职责人员最好限于质量管理部门的负责人和其他具有资质的质量管理人员，不得委托生产部门人员。

33. 质量安全负责人能否在不同的化妆品注册人、备案人、受托生产企业兼任？

为保障化妆品质量安全，确保质量安全负责人依法落实产品质量安全管理和产品放行职责，按照"一证一人"的原则，申请两个以上（含两个）的化妆品生产许可，不得由同一个自然人担任上述企业的质量安全负责人。

不同的化妆品注册人、备案人，不得由同一个自然人担任质量安全负责人。

化妆品注册人、备案人与生产企业属于同一集团公司，执行同一质量管理体系，该注册人、备案人与生产企业可以聘用同一个自然人担任质量安全负责人。

34. 质量安全负责人、质量管理部门负责人是否可以兼任其他部门负责人？

质量安全负责人、质量管理部门负责人应当是专职人员，应当能够独立履行职责，不受企业其他人员的干扰。不得兼任影响其独立履职的部门负责人，如生产部门负责人。规模较小的企业，质量安全负责人可以兼任质量管理部门负责人。

35. 质量管理部门负责人和生产部门负责人应当具备什么资质？

《规范》要求，质量管理部门负责人和生产部门负责人均应当具备化妆品、化学、化工、生物、医学、药学、食品、公共卫生或者法学等化妆品质量安全相关专业知识，熟悉相关法律法规、强制性国家标准、技术规范，并具有化妆品生产或者质量管理经验。虽然《规范》没有对化妆品生产和质量管理经验的具体年限进行限定，但是一般以 3 年以上为宜。

企业在任命质量管理部门负责人和生产部门负责人时，在满足上述基本条件的基础上，还要重点关注其实际工作经验及履职能力是否能够与其从事的工作内容、承担的责任相匹配。

36. 质量管理部门负责人应当承担的职责包括哪些？

质量管理部门负责人应当承担的职责包括：

（1）所有产品质量有关文件的审核。

（2）组织与产品质量相关的变更、自查、不合格品管理、不良反应监测、召回等活动。

（3）保证质量标准、检验方法和其他质量管理规程有效实施。

（4）保证完成必要的验证工作，审核和批准验证方案和报告。

（5）承担物料和产品的放行审核工作。

（6）评价物料供应商。

（7）制定并实施生产质量管理相关的培训计划，保证员工经过与其岗位要求相适应的培训，并达到岗位职责的要求。

（8）负责其他与产品质量有关的活动。

37. 生产部门负责人应当承担的职责包括哪些？

生产部门负责人应当承担的职责包括：

（1）保证产品按照化妆品注册、备案资料载明的技术要求以及企业制定的生产工艺规程和岗位操作规程生产。

（2）保证生产记录真实、完整、准确、可追溯。

（3）保证生产环境、设施设备满足生产质量需要。

（4）保证直接从事生产活动的员工经过培训，具备与其岗位要求相适应的知识和技能。

（5）负责其他与产品生产有关的活动。

38. 企业员工年度培训计划一般包括哪些内容？

企业一般应当在每年年初制订年度培训计划，明确培训对象、培训内容、培训次数、培训方式以及考核方式等内容。

培训一般分岗前培训和继续教育培训。培训内容一般包括：

（1）相关法律法规，包括《规范》。

（2）专业知识及岗位技能。

（3）岗位职责、岗位操作规程、岗位所涉及的设施设备操作规程，以及生产工艺规程等。

39. 企业的培训档案应当包括哪些资料与记录？企业的培训档案是否要包括每个员工的培训情况？

培训的策划实施、考核、总结和评估等过程的资料与记录均应当留存，一般包括培训计划和方案、组织部门、培训时间、授课人、培训资料、培训人员签到表、考卷、考核和评估记录等。

企业的培训档案应当包括每个员工的培训相关情况，要确保每个员工经培训、考核合格后方可上岗。

40. 《规范》是否对生产、检验岗位资质有具体的要求？

《规范》对各岗位，例如检验员、仓库管理员、生产操作人员等没有具体的资质要求，但总的原则是要保证配备人员能够满足质量管理的需求。因此，企业应当自行制定各岗位的任职条件，并有效实施从业人员岗前培训和继续教育培训，确保员工具备履行岗位职责的法律知识、专业知识以及操作技能，而且在考核合格后方可上岗。

41. 直接从事化妆品生产活动的人员包括哪些?

《规范》第十一条中所述直接从事化妆品生产活动的人员，一般应当包括从事化妆品生产、质量管理、质量控制和仓库管理等人员。具体而言，生产过程中各工序操作人员，质量控制部门人员，物料验收、贮存与运输操作人员等直接与化妆品接触的人员均在此列。他们入职前和在岗期间应当按规定进行健康检查，取得医疗机构出具的检查项目齐全并有明确结论的体检报告后方能上岗。

42. 有碍化妆品质量安全的疾病有哪些?

依据《条例》规定，由国务院卫生主管部门规定有碍化妆品质量安全疾病的范围。在国务院卫生主管部门出台有关规定之前，可以参照原相关规定中有碍化妆品质量安全疾病的范围执行，包括痢疾、伤寒、病毒性肝炎、活动性肺结核、手部皮肤病（手癣、指甲癣、手部湿疹、发生于手部的银屑病或者鳞屑）和渗出性皮肤病等。患有这些疾病的人员，由于存在污染产品的风险，不能直接从事化妆品生产活动。

43. 生产车间卫生管理制度主要包括哪些内容?

企业应当建立并执行生产车间卫生管理制度，内容一般包括进入人员的卫生健康要求，着装（含鞋帽）要求，不得带入与生产无关物质及禁止在生产区及仓储区吸烟、饮食或者进行其他有碍化妆品生产质量的活动。

44.《规范》第十一条的外来人员是指哪些人员？如何进行外来人员管理？

外来人员是指非本生产区域的生产或管理人员，包括但不限于企业其他部门人员、企业客户、外部参观人员、主管或监管部门人员、第三方认证审核人员等。

企业应当建立并执行外来人员管理制度，内容一般包括外来人员进入生产区域的批准和登记程序、对外来人员的事前指导及过程中监督措施等。外来人员进入前，需由企业人员给予清洁、消毒、更衣、安全等方面的指导；进入后，应当由企业人员陪同并对其行为进行监督指导，避免影响产品质量安全的行为发生。

第三章　质量保证与控制

45. 什么是质量保证？什么是质量控制？

质量保证（quality assurance，QA）是指企业以提高和保证产品质量为目标，运用系统方法，依靠必要的组织结构，把组织内各部门、各环节的质量管理活动严密组织起来，将产品研制、设计制造、销售服务和信息反馈的整个过程中影响产品质量的一切因素均控制起来，形成的一个有明确任务、职责、权限，相互协调、相互促进的质量管理的有机整体。

质量控制（quality control，QC）也称品质控制，是质量管理的重要组成部分。其目的是使产品、体系或过程的固有特性达到规定的要求，即满足法律法规、顾客等方面所提出的质量要求，例如适用性、安全性等，而采取的一系列的作业技术和活动。质量控制不仅仅是指产品的质量检验，还包括生产过程的质量控制，两者结合是控制产品质量的双重手段。

46. 质量管理体系文件在质量管理体系中的重要作用是什么？

质量管理体系是由质量管理体系文件来规定、阐明和实现的。文件系统是质量管理体系的核心，质量管理体系文件贯穿了化妆品实现全过程，包括研发、采购、生产、检验、贮存、销售、不良反应监测、召回等环节。质量管理体系文件是质量管理体系各个环节、工作、行为、操作有效实施的依据，起到沟通意图、统一行动、规范行为、标准化操作的作用；是各环节、工作、行为，操作正常、有效运行的证据，既保证各项工作的可追溯性，在发生质量问题时，方便查找原因，也可作为检查和内、外审的证据。

47. 质量管理体系文件一般包括哪些内容？

质量管理体系文件一般可分为 5 个层次。

（1）质量手册：包括质量方针、质量目标、对质量体系阐述说明的文件、企业组织结构图、各职能部门的职责分工和关系、人员岗位说明书等。

（2）质量管理制度或程序：如从业人员健康管理制度、物料进货查验记录制度、生产管理制度、产品检验管理制度、实验室管理制度等。

（3）标准操作规程（SOP）和质量技术文件：如生产设备使用规程、岗位操作规程或作业指导书、清洁消毒操作规程、物料验收规程、工艺用水管理规程等。质量技术文件包括产品质量标准、原料验收标准、生产配方、生产工艺规程、检验规程、验证方案、注册备案资料等。

（4）记录实际生产过程和质量管理活动的文件：如批生产检验记录、检验原始记录、环境监测记录、清洁消毒记录、仪器设备使用记录、销售记录、领料单、退料单、出货单、自查报告、风险分析报告等。

（5）外部文件：例如相关法律法规、国家标准及技术规范等资料，以及供应商和销售商的资料等。

48. 《规范》中提及的管理制度包括哪些？

《规范》要求建立的管理制度包括文件管理制度，记录管理制度，追溯管理制度，质量安全责任制度，从业人员健康管理制度，从业人员培训制度，进入生产区和仓储区人员控制制度，工作服清洗消毒制度，供应商遴选审核评价制度，原料验收管理制度，生产设备管理制度，生产过程及质量控制制度，生产管理制度，物料管理制度，实验室设备和仪器管理制度，产品检验制度，取样及样品管理制度，物料放行管理制度，留样管理制度，制水系统清洁、消毒、监测制度，空气净化系统监测、清洁、消毒、维护制度，产品销售管理制度，退货管理制度，产品质量投诉管理制度，不良反应监测制度和召回制度等。

49. 文件管理制度一般应当包括哪些内容？

文件管理制度内容一般包括以下内容。

（1）要明确文件的制/修订、发布、实施流程，一般包括起草或修订、审核、批准、发放、培训、使用、回收销毁等。

（2）规定文件管理控制的措施，确保制订的文件得到有效落实和控制，例如，相关岗位人员应当经过培训，熟悉相关文件内容；在使用现场为最新的有效版本，避免作废文件的误用。

（3）对制订的文件要定期评估，必要时及时修订或废除等。

（4）质量管理部门应当及时回收由于修订、版本变更、废除等作废的文件。对曾受控的作废文件，企业应当至少保存一份，以满足追溯的需要，其他作废文件应当予以销毁并保存销毁记录。

50. 企业制订的质量管理制度的名称是否必须与《规范》中的名称完全一致？

企业在制订质量管理制度时应本着实事求是的原则，按照《规范》的要求，结合各自实际生产规模、产品复杂程度、资源实际情况等来制订各项管理制度或管理程序。要保证各质量管理环节或过程均有制度可依，各岗位或各种行为有标准操作程序可循，而不必拘泥于具体的制度名称是否与《规范》中的说法完全一致。对规模较小的企业，有些制度可以合并制订。

51. 为什么企业应当重视记录的管理？记录的管理包括哪些环节？

记录是开展预防和纠正措施，持续改进产品质量的依据；是质量问题、投诉、不良事件发生后追溯原因的依据；是内部审核、第三方认证和官方监督检查的主要依据。所以企业应当严格按照《规范》要求，做好记录及其管理工作。

记录的管理包括生成（或填写）、更正、分类、标识、保存、销毁等环节。

52. 记录应当如何正确更正？

记录不得随意更改，但是在发现填写错误时是可以更正的。记录的更正应当符合下列要求：不得涂改或重新填写，而是通过"杠改"（在原数据或信息处划斜线），保持原数据或信息清晰可见，在旁边注明更改的内容，并签注更正人姓名及日期。必要时（如可能影响实验结果的数据或直接关系产品质量安全的信息）还要注明修改理由。

53. 什么是批生产记录？批生产记录一般包括哪些内容？

批生产记录是与化妆品的批次相关的一套记录。一般包括生产指令和领料、称量、配制、灌装、包装过程及产品检验、放行记录等内容，要能够证明生产过程按照生产工艺规程和岗位操作规程实施和控制，保证产品生产、质量控制、贮存和物流等活动可追溯。

每批产品的记录应当包含所使用的物料的名称和批号，原料名称应当使用提交化妆品注册备案资料时使用的名称。

54. 《规范》对记录的保存期限有什么要求?

与产品追溯相关的记录主要包括批生产记录、检验记录、物料进货查验记录、产品销售记录等,其保存期限不得少于产品使用期限届满后1年;产品使用期限不足1年的,记录保存期限不得少于2年。

与产品追溯不相关的记录主要包括质量体系文件管理相关记录,质量体系自查记录,内审(自查)或外审记录,环境控制记录,制水系统定期清洁、消毒、监测记录,实验室设备和仪器维护、保养、使用校准等管理记录等,其保存期限不得少于2年。

记录保存期限另有规定的从其规定,例如企业应当保存从业人员健康档案至少3年。

55. 电子化记录应当符合哪些要求?

采用计算机(化)系统(以下简称系统)生成、保存记录或者数据的,应当采取相应的管理措施与技术手段,制订操作规程,确保生成和保存的数据或者信息真实、准确、完整和可追溯。

电子记录至少应当实现原有纸质记录的同等功能,满足活动管理要求。对于电子记录和纸质记录并存的情况,应当在操作规程和管理制度中明确规定作为基准的形式。

采用电子记录的系统应当满足以下功能要求:

(1)系统应当经过验证,确保记录时间与系统时间的一致性以及数据、信息的真实性、准确性。

(2)能够显示电子记录的所有数据,生成的数据可以阅读并能够打印。

(3)具有保证数据安全性的有效措施。系统生成的数据应当定期备份，数据的备份与删除应当有相应记录，系统变更、升级或者退役，应当采取措施保证原系统数据在规定的保存期限内能够进行查阅与追溯。

（4）确保登录用户的唯一性与可追溯性。规定用户登录权限，确保只有具有登录、修改、编辑权限的人员可登录并操作。当采用电子签名时，应当符合《中华人民共和国电子签名法》的相关法规规定。

（5）电子记录系统应当建立有效的轨迹自动跟踪系统。能够对登录、修改、复制、打印等行为进行跟踪与查询。

（6）应当记录对系统操作的相关信息，至少包括操作者、操作时间、操作过程、操作原因；数据的产生、修改、删除、再处理、重新命名、转移；对系统的设置、配置、参数及时间戳的变更或者修改等内容。

56. 什么是电子系统的轨迹自动跟踪系统？

电子记录轨迹自动跟踪系统也称为审计跟踪系统（audit trail），是电子系统发生活动的流水记录，可自动按照事件发生的时间顺序记录、审查和检验每个事件发生的环境及活动。审计跟踪可对有权限人员对电子记录系统的登录、修改、复制、打印等行为进行跟踪与查询，在接受检查或审核时可作为记录真实性、原始性、可靠性的证据。

57. 电子记录系统为什么要经过验证？验证是由使用电子系统的化妆品企业开展，还是由开发电子记录系统的企业开展？

电子记录系统验证的目的主要是保证该系统的安全性、有效性和可追溯性。

电子记录系统的验证可以由使用该系统的化妆品企业开展，也可以委托开发电子系统的企业开展。如为后者，化妆品企业应当在采用该系统之前对验证结果进行确认。

58. 如何理解批和批号？

批的定义为"在同一生产周期、同一工艺过程内生产的，质量具有均一性的一定数量的化妆品"。设立批的概念是为了建立产品的追溯性管理。因此，对批定义的解读必须是完整的，同一生产周期、同一工艺过程内、质量均一，三个要素缺一不可。尤其是同一生产周期，不能解读为同一生产时间，如同一天、同一周或同一年等。

批号的定义为"用于识别一批产品的唯一标识符号，可以是一组数字或者数字和字母的任意组合，用以追溯和审查该批化妆品的生产历史"。批号是批的直观表现形式，为了方便产品生产批次的追溯，批号的表达方式必须浅显易懂，批号数字和字母组合最好能够与产品的类别和生产日期有直观的关联，而不是故弄玄虚。企业必须提前规定好批号的编写规则，而且一旦确立，就不要随意改变，避免出现张冠李戴的情形。

59. 设置原料、内包材、半成品、成品批号的目的是什么？

设置原料、内包材、半成品、成品批号的目的是实现产品质量可追溯。只有从物料到成品整个生产过程都基于明确的、合理的批号管理规则，才能够通过批号在各个生产环节记录之间建立起有效联系，使得正向或者逆向追溯都可以复现当时的生产过程和质量管理过程。

60. 应当如何设置半成品、成品批号？半成品和成品的批号是否必须相同？

设置产品批号应当符合企业追溯管理制度、批号管理规则的相关要求，最好能够与产品的类别和生产日期有直观的关联，以便于区分、追溯。

同一批产品的半成品与成品批号可以相同，也可以不同，但两者必须建立关联，也就是根据成品的批号可以追溯到半成品的批号。

两者采用一致的批号规则，更易于半成品和成品之间的相互追溯。如果不一致，则更便于两者之间的区分，防止混淆。需要注意的是规则不一致时，两者之间必须建立明确的对应关系，以确保根据成品批号可以准确追溯到对应的半成品。

61. 什么叫审核？什么叫内审或外审？

根据 ISO 22716：2007［*Cosmetics—Good Manufacturing Practices*（*GMP*）—*Guidelines on Good Manufacturing Practices*，《化妆品生产质量管理规范（GMP）——GMP 指导原则》］，审核（audit）是指为获得审核证据并对其进行客观评价，以确定满足审核原则的程度而进行的系统的、独立的、形成文件的过程。

审核分为内审（internal audit）和外审（external audit）。内审是指由内部有能力的人员实施的系统和独立的检查，目的是确定 GMP 所包含的活动以及相关结果是否符合计划的安排，而且这些安排是否得到有效实施并适用于实现目标。外审则是指企业接受的外部审核，例如第三方认证机构或监管部门对企业质量管理体系开展的审核或检查。

62.《规范》中的自查与内审是什么关系？

《条例》第三十四条规定："化妆品注册人、备案人、受托生产企业应当定期对化妆品生产质量管理规范的执行情况进行自查。"《规范》第十五条相应地要求化妆品企业建立并执行自查管理制度。《条例》和《规范》中所规定的"自查"相当于 ISO 22716:2007 中的内审，只不过采用了更为通俗易懂的表述方式而已。自查的目的在于验证质量管理体系运行的持续符合性和有效性。自查一般由质量部门组织开展，主要依据《规范》检查要点对质量管理体系的执行情况进行审核。

63. 自查或内审与管理评审有什么异同？

自查或内审主要是针对企业执行《规范》的程度或质量管理体系的运行情况进行审核。一般由质量管理部门组织实施。

管理评审的目的是评价管理体系的适宜性、充分性和有效性，由最高管理者组织实施，主要依据相关方（管理者、员工、供方、顾客、社会等）的期望对管理体系建立、运行情况以及方针和目标的贯彻落实及实现情况进行综合评价。

64. 是否可用第三方认证机构对企业质量管理体系的外审替代企业的自查？

第三方认证机构对企业开展的质量管理体系外审不可以替代《条例》和《规范》要求的自查。

质量管理体系外审的重点是 ISO 9001:2015 的符合性，而自查的重点是企业对《规范》的执行情况。两者的相同点都是针对企业的质量管理体系，但两者的重点和审核依据标准不同。而且前者是企业的自愿行为，后者是《条例》《规范》的强制要求。所以，前者不能代替后者。

65. 对企业开展自查的频次要求是什么？在什么情况下企业应当开展有因自查？

企业至少每年开展一次对《规范》执行情况的系统性自查，这是

《条例》的法定要求。企业可根据自身情况制定相应的年度自查频次，可以包括针对某些具体管理环节的非全面自查，但其中至少包括一次对《规范》执行情况的全面自查。

根据《规范》和《企业落实化妆品质量安全主体责任监督管理规定》要求，除了每年至少一次的常规自查外，在出现以下 3 种情形时应当开展有因自查。

（1）连续停产 1 年以上，重新生产前应当进行自查，确认是否符合本规范要求。

（2）化妆品抽样检验结果不合格的，应当按规定及时开展自查并进行整改。

（3）发生产品可能引发较大社会影响的化妆品不良反应或者引发严重化妆品不良反应等涉及产品质量安全情形的，质量安全负责人应当立即组织采取风险控制等措施，并组织制定自查方案，开展自查工作，查找产品存在质量安全风险的原因，消除风险隐患。

此外，企业可以针对其他情况开展有重点的或局部的自查。例如，在发现某些企业员工在执行管理制度或 SOP 存在问题时，可开展一次针对全体员工质量意识和培训情况的自查。再如，在发现局部物料管理存在漏洞或问题时，开展一次针对物料管理系统的自查。

66. 企业针对化妆品抽样检验结果不合格的自查，是仅针对抽检不合格产品，还是全面自查？

化妆品抽样检验结果不合格的，应当按照《化妆品生产经营监督管理办法》《规范》要求，以及企业制定的质量管理体系自查制度及时开展自查并进行整改。自查重点为抽检不合格产品生产全过程相关的质量管理体系建立、实施情况。如果自查发现问题为共性问题，则有必要将自查范围进行相应扩大，以充分识别问题，进行纠正与预防。

67. 企业针对哪些情形的自查结果，需要向监管部门报告？

企业对《规范》的执行情况进行自查，如为下列情形的，需要向监管部门报告。

（1）经自查发现可能影响化妆品质量安全的，应当立即停止生产，并向所在地省、自治区、直辖市药品监督管理部门报告。

（2）连续停产1年以上，重新生产前，应当进行全面自查，确认符合要求后，方可恢复生产。自查和整改情况应当在恢复生产之日起10个工作日内向所在地省、自治区、直辖市药品监督管理部门报告。

68. 注册人、备案人的自查范围是什么？

注册人、备案人的自查范围包括企业自己建立和运行的质量管理体系，如有委托生产，还应当对受托生产企业的质量管理体系进行自查。

69. 自查方案、记录和报告应当包括哪些内容？

自查方案应当确定在一年内策划的一个或者多个自查组合的安排，包括具体时间、自查范围、内容、程序、方法、日程安排以及审核员等。

自查记录应当包括自查时间、参加自查人员、实施过程、发现问题等全过程。

每次自查活动结束后，企业应当对收集到的所有问题和审核证据对照《规范》进行逐条评价，形成自查报告。报告内容应当包括发现的问题、安全风险评价和整改建议。整改建议应当明确整改的时间、措施以及评价要求等，以便相关部门能够及时整改和质量管理部门的跟踪评价。自查报告应当经质量安全负责人批准后，报告企业法定代表人，并反馈相关部门。

70. 企业参与质量管理体系自查或内审的人员需要具备什么条件？是否必须参加第三方认证机构的内审员培训并取得资格证书？

企业的内审人员应当具备化妆品质量安全知识和相应的生产或质量管理经验，经过培训，熟悉化妆品监督管理的相关法律法规，具备《规范》和质量管理体系知识，能够发现相关问题并作出质量风险研判。

参加相应的内审员培训一般对更好履行相关自查或内审职责是有帮助的。但我国现行《化妆品监督管理条例》及相关配套法规，并未规定自查或内审人员必须参加第三方认证机构的内审员培训并取得资格证书。

71. 自查发现问题由谁进行整改？整改完成后由谁进行分析评估？

在自查中发现问题的岗位或者部门，应当针对不符合项，及时进行原因分析，本着举一反三的原则采取必要的纠正和预防措施（corrective action and preventive action，CAPA），以消除不符合问题及其原因，避免再次发生类似问题。相关部门应当在自查报告规定的时间内完成整改。

质量部门应当针对相关部门的整改结果进行分析评估。如果发现整改不到位，还应当提出进一步整改的建议，并在整改后再次进行评估。

72. 质量检验实验室管理的作用是什么？

质量检验实验室管理的作用是对抽样、检验进行相关软硬件控制，以确保原料和产品在符合质量标准的前提下放行使用或放行装运。

73. 要保证质量检验结果的准确性、有效性，企业应当具备什么条件？

要保证质量检验结果的准确性、有效性，企业应当具备如下条件。

（1）具备相应的实验设施、检测设备和仪器。

（2）具备合格的检验人员。

（3）科学可靠的检验方法。

（4）有效可靠的检验管理制度和相关标准操作规程等。

74. 企业的检验区域一般应设置哪些功能区？

企业的检验区域一般设置以下功能区：

（1）样品接收与贮存区。

（2）清洁洗涤区。

（3）高温实验室。

（4）留样观察室。

（5）理化分析室。

（6）仪器分析室。

（7）微生物实验室等。

75. 微生物实验室一般包括哪些组成部分？

微生物实验室一般由样品接受和贮藏区、培养基及实验用具准备区、操作室、培养室、阳性对照室、试验结果观察区、标准菌株贮藏区、污染物处理区和文档处理区等组成。

76. 对微生物实验室的空气净化系统有什么要求？为什么其空气净化系统不能与生产区域采用同一空气净化系统？

根据《化妆品安全技术规范》（2015），开展微生物检验的全部操作应在符合相关生物安全要求的实验室进行。为确保检验结果的准确性，微生物实验室应安装空气净化系统。参照《中华人民共和国药典》（2020年版）的相关要求，微生物实验室的操作柜（生物安全柜）一般应当达到 B 或 C 级下的局部 A 级的洁净度要求。

为了不给生产车间造成污染，微生物实验室的空气净化系统应当独立设置，其空气净化要求应当高于化妆品生产车间的要求。阳性对照室空气不能回风，须经处理后直排。

77. 微生物检验是否需要设置阳性对照组？是否需要安装生物安全柜？

企业如自行开展致病菌检验项目的，需要设置相应的阳性对照组，因此就需要配备相应的阳性对照室或生物安全柜等设施。阳性对照室应当保持负压，并符合相关生物安全要求。

78. 实验室管理制度主要包括哪些内容？

实验室管理制度应当包括设备仪器管理、样品管理（取样、贮存、标识）、实验材料（含试剂、试液、标准品、培养基）管理、对检验记录和报告的要求，以及出现超标结果时的分析、评价和处理方法等。

79. 实验材料是指什么？实验材料的管理应当注意哪些方面？

实验材料是指检验实验室所使用的试剂、试液、标准品、培养基等。

实验材料的管理应当包括下列要求。

（1）从合格供应商处采购。

（2）按规定的条件贮存。

（3）标识清楚准确，包括名称、浓度、制备或配制日期、有效期、制备或配制人签名、启用日期、贮存条件等必要信息。

（4）保存采购、配制或灭菌记录。

（5）应当在有效期内使用。过期的实验室材料及时销毁处理，避免误用。

80. 抽样及样品管理包括哪些方面？

样品的抽取及管理关系到检验数据的准确性、可靠性。企业应当建立取样及样品管理制度，规定取样人员、取样方法、取样设备、取样量和样品接收、标识、处理、贮存以及避免污染和变质的预防措施等内容。

无论物料、产品还是环境抽样，抽样人员应为经过授权和取样培训的 QA 或 QC 人员。

样品标识应当清晰完整，至少包括物料或者产品的名称、批号、取样日期、数量、取样点和取样人等内容。

81. 检验记录应当满足哪些要求？

对检验记录的要求是真实、可靠、及时、完整。企业留存的检验原始记录，至少包括：

（1）可追溯的样品信息。

（2）检验开展时间。

（3）检验方法及判定标准。

（4）检验所用仪器设备信息。

（5）检验原始数据和检验结果。

（6）检验人和复核人的签名及日期。

82. 检验报告应当满足哪些要求？

对检验报告的要求是真实、可靠、与原始记录保持一致。检验报告的内容除了基本信息与原始记录保持一致外，还应当包括检验结果和判定标准，并附有报告人、复核人、批准人的签名及日期。

检验报告中应当对每个检验结果进行评审后再作出判定，尤其是接受、拒绝或待定的决定。检验报告一般应当由 QC 或 QA 负责人审核签署。

83. 什么是 OOS？在出现 OOS 时，企业应当如何做？

OOS 是超标结果（out of specification），是指实验室结果不符合法定质量标准或企业内控标准的结果。例如，出厂检验结果明显超出合格指标范围；稳定性研究中产品在有效期内不符合质量标准的结果等。任何超出法定质量标准（包括注册、备案的标准）的产品都不能被放行，超出内控标准但仍符合法定标准的产品，应经过质量调查评估后由质量安全负责人确定是否可放行。

在发现超标结果后，企业应当对出现 OOS 的原因进行分析、调查，对质量风险进行评估和确认，对可能存在较大安全风险和不符合规定的物料或产品应当按照不合格品处理。同时要采取必要的纠正与预防措施，避免类似情形发生。

企业要保存分析、调查、评价、处理以及纠正预防的记录。

84. 企业是否必须对采购的原料、内包材进行检验？

企业应当按照制定的原料、内包材的风险程度和质量控制要求开展相关工作，选择检验方式或者非检验方式作为质量控制措施。如果采用检验方式，检验项目、检验方法和检验频次应当与化妆品注册、备案资料载明的技术要求一致。

如果采用非检验方式，则应向原料、内包材的生产企业索取质量标准、检验方法和检验结果并进行确认，确保其符合《化妆品安全技术规范》等相关强制性国家标准、技术规范的要求。

85. 半成品是否有必要抽样检验？

《规范》要求企业建立并执行检验管理制度，制定原料、内包材、半成品以及成品的质量控制要求，没有明确规定对半成品的质量控制必须采用检验的方式。但是检验在化妆品生产活动中发挥着产品或物料合格放行、预防、改进及实现可追溯性等重要作用。所以，比较正规的化妆品企业一般会对半成品进行检验，以确保及时发现不符合质量要求的半成品，防止其进入下一道生产工序。

86. 化妆品出厂检验所需要成品的具体数量如何确定？

企业应根据出厂检验的检验项目、检验方法和检验频次等的设置来确定检验所需成品数量。上述各项的设置应当与化妆品注册、备案资料载明的技术要求一致。

87. 留样的作用是什么？

企业通过留样可以更好地监测、研究产品质量的稳定性，以便改进产品质量，确定产品的保质期是否适当。而且，在进入市场的同批次产品出现消费者投诉、监督抽检或其他质量问题反馈时，可通过对留样的观察、检验等分析查找原因，以便及时改进产品配方，避免类似安全问题发生，甚至在市场出现假冒伪劣产品时，可通过留样检验自证清白。

88. 留样的主体包括哪些？留样的频率如何要求？

《规范》实施产品"双留样"制度，即化妆品注册人、备案人及受托生产企业均应当对每批产品进行留样。境外化妆品注册人、备案人应当对其进口中国的每批次产品进行留样，样品及记录交由境内责任人保存。分多次进口同一生产批次产品的，应当至少于首次进口时留样一次。

89. 仅从事半成品配制的企业是否需要留样？

仅从事半成品配制的企业也应当按照《规范》规定对产品进行留样。留样保存期限不得少于产品使用期限届满后 6 个月。发现留样的产品在使用期限内变质的，企业应当及时分析原因，并依法召回已上市销售的该批次产品，主动消除安全风险。

90. 留样的具体数量如何确定？

根据《规范》要求，化妆品留样数量应至少达到出厂检验需求量的 2 倍，并应当满足产品质量检验的要求。实际上，为了保证留样数量能够满足产品质量检验的要求，单靠达到出厂检验量的 2 倍是不够的，留样数量最好达到型式检验量的 2 倍以上。

企业在制定留样数量时应当结合实际情况，可参考国家药监局发布的化妆品监督管理常见问题解答（三）中的留样数量（表 3-1）。

表 3-1　化妆品留样数量参考量

序号	产品类别	留样数量参考量
1	染发类产品	≥3 个包装且总量≥90g 或 ml
2	祛斑 / 美白类产品	≥3 个包装且总量≥50g 或 ml
3	彩妆类产品	≥3 个包装且总量≥60g 或 ml

序号	产品类别	留样数量参考量
4	护肤类产品	≥3 个包装且总量≥80g 或 ml
5	防晒类产品	≥3 个包装且总量≥50g 或 ml
6	宣称祛痘类产品	≥3 个包装且总量≥200g 或 ml
7（1）	面膜类产品（面贴式）	单片独立包装产品≥7 贴且总量≥140g 或 ml 盒装产品≥3 盒（≥7 贴）且总量≥140g 或 ml
7（2）	面膜类产品（涂抹式）	≥3 个包装且总量≥80g 或 ml
8	洗发护发类产品	≥3 个包装且总量≥50g 或 ml
9	指（趾）甲油类产品	≥6 个包装且总量≥30g 或 ml
10	牙膏	≥3 个包装且总量≥80g 或 ml

注：彩妆类产品净含量低于1g 的，在成品留样的同时，可以结合其半成品对产品进行留样，留样应当满足产品质量检验的需求。

91. 套盒形式的化妆品应如何留样？

销售包装为套盒形式的化妆品，该销售包装内含有多个化妆品且全部为最小销售单元的，如果已经对包装内的最小销售单元留样，可以不对该销售包装产品整体留样，但应当留存能够满足质量追溯需求的套盒外包装。

92. 对留样地点的要求是什么？

留样地点的选择，应当能够满足法律法规的规定和标签标示的产品贮存要求。

（1）自主生产的注册人、备案人及受托生产企业一般在其生产地址留样。

（2）委托生产的化妆品注册人、备案人应当在其住所或者主要经营场所留样，也可以在其住所或者主要经营场所所在地的其他经营场所留样。对"其住所或者主要经营场所所在地"中"所在地"的理解，通常认定为不超出同一地级市或者同一直辖市的行政区域内。

（3）境内责任人保存留样的，其留样地点的选择应当参照（2）所述规定执行。

93. 对留样室的温度和湿度控制有什么要求？

企业应当依照产品和关键原料的贮存条件（温度和湿度）留存样品，并保存温度和湿度监测记录。如果没有具体温度和湿度要求的，可参照以下执行：标注常温条件贮存的，温度一般为 10～30℃，相对湿度一般为 35%～75%；标注阴凉条件贮存的，温度一般为不高于20℃，相对湿度一般为 35%～75%，并避免直射光照；标注低温条件贮存的，温度范围一般为 2～10℃。

94. 留样产品观察项目如何确定？对于非透明包装的产品是否需要打开包装进行观察？

企业应依据留样管理制度对留样进行定期观察，观察的具体项目、是否需要进行理化检验以及检验方法等由企业根据产品特性自主确定。但是可以明确的是，非透明包装的产品仅对包装外观进行目检是不够的，需要打开包装进行观察或检验。发现留样的产品在使用期限内变质时，应及时分析原因，并依法召回已上市销售的该批次化妆品，主动消除安全风险。

95. 留样记录有何具体要求？

留样记录应当真实、完整、准确，清晰易辨，相互关联可追溯。记录一般包括名称、批号、生产日期/限期使用日期、规格、留样数量、留样日期、留样观察情况等信息。成品留样记录应至少保存至产品使用期限届满后 1 年。

第四章　厂房设施与设备管理

96. 厂房设施、设备管理的基本原则是什么？

首先，生产场地和设施设备均应与生产的化妆品品种、数量和生产许可项目相适应。其次，生产场地选址应当不受有毒、有害场所以及其他污染源的影响，建筑结构、生产车间和设施设备应当便于清洁、操作和维护。第三，直接接触化妆品的生产设施设备材料不应对化妆品质量产生不良影响。

97. 企业在选择生产厂址时应注意哪些方面？

生产企业的选址不应在对化妆品有显著污染的区域，应该远离污染源，例如垃圾场、垃圾及污水处理站、有害气体、放射性物质等，或者其他扩散性污染源不能有效清除的地址，一般处于常年风向的上风口方向，远离高速公路。

98. 物料、产品和人员流向的设置应注意哪些方面？

人流、物流分开，工序上下衔接，避免迂回、穿越和往返，操作不得相互妨碍，避免交叉污染和混淆。进入车间的物料和车间输出的产品应有单独的物流通道，进出车间的人员应有单独的人流通道，人流和物流应有有效的分流措施，有一定的间隔，避免交叉污染。

99. 生产区域、生产车间是如何划分的?

生产区域可以是个大的概念,可指一个生产企业中与产品生产直接有关的区域,以区别于生活区域和行政区域,可包括一个或多个生产车间和贮存物料、产品的库房;也可以是个小概念,特指生产车间。生产车间是指从事化妆品生产的区域或房间,可包括称量区、配料区、半成品贮存区、填充或灌装区域。

按照产品工艺环境要求,生产区域可以划分为洁净区、准洁净区和一般生产区。

100. 现场检查时,对工厂的各功能间的面积大小是否有最低要求?

企业应当按照生产工艺流程及环境控制要求设置生产车间,对于生产车间各功能区域的面积大小在《规范》及相关法规中并无规定。基本原则是各功能间的大小和空间应当与企业所生产化妆品品种、数量、生产许可项目以及生产规模相适应。方便设施设备的使用、维护和清洁消毒操作。

101. 仅从事化妆品半成品配制的企业是否需要取得化妆品生产许可证?

国家药监局 2021 年第 140 号公告指出,自 2022 年 1 月 1 日起,新开办仅从事配制化妆品内容物的企业,应当向所在地省、自治区、直辖市药品监督管理部门提出申请,取得化妆品生产许可证后方可生产;对于 2022 年 1 月 1 日前从事配制化妆品内容物的企业,应当于 2023 年 1 月 1 日前取得化妆品生产许可证。

102. 生产眼部护肤类化妆品半成品的企业是否应当满足眼部护肤类化妆品的环境要求?

生产眼部护肤类化妆品半成品的企业应当按照眼部护肤类化妆品的环境要求执行。如眼部护肤类化妆品的半成品贮存、填充、灌装，清洁容器与器具贮存工序需要设置为洁净区，那么生产眼部护肤类化妆品半成品的企业亦需要将上述工序设置在洁净区。

103. 眼部其他化妆品，如眼影、眼线笔、睫毛膏等，是否也应在生产许可证上进行生产条件标注?

根据《化妆品生产经营监督管理办法》，企业具备儿童护肤类、眼部护肤类化妆品生产条件的，应当在生产许可项目中特别标注。因此，眼部其他化妆品不属于特殊标注范围，例如生产眼部彩妆类的，无须特别标注。

104. 什么是洁净区、准洁净区、一般生产区?

洁净区是指符合一定洁净度级别要求的功能区域，一般包括生产牙膏、眼部用护肤类化妆品、婴幼儿和儿童用护肤类化妆品的半成品贮存、灌装，清洁容器与器具贮存工序需要符合《规范》附 2 中规定的洁净度要求。

准洁净区是指需要进行普通的环境微生物监控的功能区域，一般指包括半成品贮存、填充或灌装，清洁容器与器具贮存、称量、配制、缓冲、更衣等功能区域，以及生产牙膏、眼部用护肤类化妆品、婴幼儿和儿童用护肤类化妆品的称量、配制、缓冲、更衣等区域。

一般生产区是指无须进行环境参数指标监控的功能区域，一般指与原料、内包材、半成品无直接暴露的功能区域，如包装、贮存等。

105. 更衣室的设置应注意哪些方面？

生产车间更衣室应当配备衣柜、鞋柜，洁净区、准洁净区应当配备非手接触式洗手及消毒设施。衣柜、鞋柜、洗手及消毒设施应确保处于正常使用状态。

企业应当根据生产环境控制需要设置二次更衣室。例如制作间和灌装间的洁净度要求不同时，进入灌装间的人员应进行二次更衣，灌装间与制作间的工作服应有所区别。

106. 哪些情况需要设置二次更衣室？二次更衣是否需要送排风？

从一般区域进入洁净区域，或从准洁净区进入洁净区域一般需要设置二次更衣室。需要在二次更衣室换洁净工作服、手部清洁消毒，经缓冲间或风淋室进入洁净区域。

按照《规范》附 2，虽然将"更衣、缓冲"区域规定为"准洁净区"，但为了满足二次更衣室防止微生物污染的要求，一般也应当设置送、回风口，并与一般区域保持压差。

107. 企业变更车间布局，是否需要向监管部门申请？

生产许可项目发生变化，可能影响产品质量安全的生产设施设备发生变化，或者在化妆品生产场地原址新建、改建、扩建车间的，化妆品生产企业应当在投入生产前向原发证的药品监督管理部门申请变更，并依照《化妆品生产经营监督管理办法》第十条的规定提交与变更有关的资料。原发证的药品监督管理部门应当进行审核，自受理变更申请之日起 30 个工作日内作出是否准予变更的决定，并在化妆品生产许可证副本上予以记录。

108. 生产区域常用的消毒措施有哪些？选择消毒剂应注意哪些问题？

常见的消毒措施有紫外线消毒、臭氧消毒或其他化学消毒剂消毒。

采用紫外线消毒的，使用紫外线灯的辐照强度不小于 $70\mu W/cm^2$，并按照 $30W/m^2$ 设置，具备有效的紫外线灯辐照强度测定仪器。

采用臭氧或其他化学消毒剂消毒，要严格按照操作规程操作，避免对生产人员产生危害。

常用的化学消毒剂包括过氧化氢、75% 乙醇、苯扎溴铵溶液等，在采购消毒剂时应使用卫生行政部门批准的消毒剂，并按照规定要求的配比正确使用。各种消毒剂应定期更换，避免产生耐消毒剂菌株。

109. 常见的防虫、防鼠设施有哪些？应如何有效监控？

防蚊、虫可采用纱窗、灭蚊灯等设施。常见的防鼠设施有挡鼠板、粘鼠胶、捕鼠笼、驱鼠器等。

企业需多措并举，控制各类虫鼠害的风险，具体可根据当地环境和实际情况，建立包括多种方法的虫害控制系统，也可以委托相应的外包公司提供服务，通过定置绘图、编号标识、定期检查评估效果和必要时的趋势分析，综合控制虫害和其他动物对产品带来的风险。

110. 物料、产品贮存条件应注意什么？如何监控温度和湿度？

企业应当根据每种物料和产品的特性，明确其贮存条件。对温度、湿度或其他有特殊要求的物料和产品应按规定条件贮存。应指定专人定期监测记录温度和湿度，并及时处理温度和湿度异常情况。

企业应在仓储区域配备温度、湿度电子监控系统或者温度、湿度仪。采用电子监控系统的，该系统应能够有效识别温度、湿度异常情况并报警提醒。采用温度、湿度仪的，建议每天至少进行一次温度、湿度监测和记录，发现异常情况要及时处理。

111. 化妆品原料仓库是否可以存放非化妆品用的原料?

化妆品原料仓库不得存放对化妆品质量产生不利影响的物料、产品或者其他物品，例如化妆品禁用原料。存放其他不产生不利影响的非化妆品用原料的，企业应制定相关管理制度，并采取适当的防止误用、混淆等差错的措施，例如专区存放、物理隔离、明显标识等。

112. 化妆品一般分为哪些生产单元? 生产哪类化妆品需要申报有机溶剂单元生产范围?

划分生产单元是以产品生产工艺、成品状态和用途为依据。根据《化妆品生产经营监督管理办法》，化妆品生产许可项目划分为一般液态单元、膏霜乳液单元、粉单元、气雾剂及有机溶剂单元、蜡基单元、牙膏单元、皂基单元及其他单元。

一般生产香水、指甲油等类型产品需要申报有机溶剂类生产单元。

113. 化妆品生产车间或生产线是否可以生产非化妆品产品?

《规范》规定化妆品生产车间不得生产对化妆品质量安全产生不利影响的产品，因此没有完全排除共用车间、生产线或设备生产非化妆品类日化产品。

但是，如果企业共用车间、生产线或设备生产非化妆品产品的，应满足以下条件。

（1）共用生产车间生产非化妆品的，不得使用化妆品禁用原料及其他对化妆品质量安全有不利影响的原料，例如含有荧光的增白剂、抑菌剂等。使用上述原料的洗衣液或消毒液等，就属于对产品质量有不利影响的非化妆品产品，应该被禁止在化妆品车间内贮存或生产。

（2）共线生产非化妆品的企业，还应该设置防止污染和交叉污染的相应措施，例如在生产后及时清场、清洁、消毒。

（3）企业应当对共用车间或共线生产非化妆品产品，开展非化妆品产品是否对化妆品质量安全产生不利影响的风险分析，形成并保存风险分析报告备查。

114. 共用车间或共线生产非化妆品的风险分析报告应包含哪些内容？

风险分析报告，除介绍企业及车间基本情况，评估目的、范围，参考文献外，其评估主体部分至少包含以下内容。

（1）共线生产产品的基本情况：共线产品名称、主要成分、生产工艺，对化妆品质量不存在有不利影响物料的说明。

（2）风险识别可从以下环节进行识别：共线的工艺流程风险（一般按产品工艺流程环节分别进行风险识别），人流、物流风险，产品生产残留情况风险，交叉污染情况风险和清洁情况风险等。

（3）风险等级评估可采用失败模式效果分析（FMEA）。失败模式效果分析评分计算公式：风险得分 = 严重性 × 可能性 × 可测定性。

（4）按照风险得分确定关键控制点及可以接受限度。确定出现偏差时的正确行动。

115. 洗衣液能否在化妆品车间共用设备生产？

洗衣液生产一般需要用到洗衣液专用的工业盐、消毒防腐剂、荧光增白剂等非化妆品用原料，而上述原料可能对化妆品产生污染。因此，一般情况下洗衣液应当在单独的生产操作区域内，使用单独的设备生产，并采取相应措施，防止交叉污染。

116. 牙膏可以与其他类型化妆品共用同一车间吗？

牙膏参照普通化妆品的规定进行管理，其生产质量管理按照《规范》执行。综合考虑牙膏产品特性（如口腔内使用等）、生产单元划分以及监管历史等因素，企业应单独设置牙膏生产车间。

117. 易产生粉尘的生产工序其生产操作区域应满足何种条件？

对于生产易产生粉尘如散粉、粉饼等粉类产品和使用挥发性物质的生产车间应独立设置，并配备有效的除尘排风设施，防止粉尘、气味扩散产生交叉污染。

118. 与原料、内包材，以及产品接触的设备、器具、管道等的材质应当满足何种要求？

所有与原料、内包材，以及产品接触的设备、器具、管道等的材质应当满足使用要求，不得影响产品质量安全，例如不得发生化学反应或对产品产生污染。企业应要求供应商提供材质证明材料（如材质来源资料、第三方检测报告、官方发布的认可资料、文献研究资料等）或者企业结合自己的评估情况将其送第三方机构进行检测确认等。

119. 哪些设备为主要设备？为什么主要设备应当标识唯一编号？

可能对产品质量安全产生影响的设备为主要设备，例如粉碎机、混合器、搅拌器、乳化机、匀浆机、真空连续过滤机、电磁振动筛、成型机、粉饼压制机等。

对主要设备设置唯一性编号，同时建立台账，其目的是便于对设备进行跟踪校验管理。同时，便于对产品进行质量分析追溯。

120. 哪些生产设备应进行确认？生产设备确认一般应包括哪些内容？

在化妆品生产工艺中，与化妆品直接接触或者对产品质量安全存在潜在影响的主要设备、工艺用水系统、空调系统应进行确认。

确认内容应包括以下方面。

（1）设计确认（design qualification，DQ）：是对订购设备技术指标适用性的审查（设计选型、性能参数选定、技术文件等）及对供应商的选择。对供应商的选择应至少关注：①供应商是否有提供此类设备的经验；②供应商提供技术培训的水平；③供应商所在地具有设备性能的测试条件；④同类设备在其他厂家使用的经验；⑤是否能保证交货期；⑥对成本进行分析。

（2）安装确认（installation qualification，IQ）：主要证实安装是按照设计目的进行的。安装确认是个连续的过程，每台设备的安装应能证明所有文件的适用性，包括图纸、备品、备件、仪表校正方法及自行编写的操作规程。设备安装确认的范围包括：①设备的外观检查；②测试的步骤、文件、参考资料；③安装合格的标准；④证明其安装符合安装规范。

（3）运行确认（operation qualification，OQ）：证实安装的每个装置能

按照预定的要求操作。以文字形式记录已确认的设备在运行中的所有技术参数、合格的标准符合批准的设计文件、制造商提出的规范及生产要求，并能正常运行。

（4）性能确认（performance qualification，PQ）：通常指模拟生产试验。性能确认是经过设备安装确认后的负载运行，是在符合《规范》和相应标准要求下开展的工作。设备性能确认应达到的要求：①在模拟生产运行中观察运行质量，设备功能的适应性、连续性和可靠性；②检查设备质量保证和安全保护功能的可靠性；③检查实物运行时的产品质量，确认各项性能参数的符合性；④观察设备的维护情况，操作是否灵活及是否具有安全性能。

121. 检定与校验、校准的区别是什么?

检定是指按照《中华人民共和国计量法》要求，由法定计量部门或法定授权组织按照检定规程，通过实验，提供证明，来确定测量器具的示值误差满足规定要求的活动。

校验、校准是指在规定条件下，为确定计量器具示值误差的一组操作。是在规定条件下，为确定计量仪器或测量系统的示值，或实物量具或标准物质所代表的值，与相对应的被测量的已知值之间关系的一组操作。校准结果可用以评定计量仪器、测量系统或实物量具的示值误差，或给任何标尺上的标记赋值。

122. 关于计量器具的校准，企业能否自行开展? 自行校准的要求是什么?

企业可开展自行校准，但自行校准应满足 ISO/IEC FDIS 17025:2017（E）《检测和校准实验室能力的通用要求》的相关要求，包括:

（1）有适宜的校准环境。

（2）有经过培训、有能力的人员。

（3）校准所用的标准物质、有证标准物质、参考测量仪器可以溯源，测量不确定度满足要求。

（4）校准方法应是标准方法，并形成文件。

（5）校准记录信息充分，校准数据或结果的报告准确。

（6）对每个校准项目，有计算测量不确定度的程序。

123. 生产车间环境定期监测包括哪些内容？

企业应建立生产车间环境监控制度及计划，规定车间环境监控的具体内容，并根据计划实施分类监控。主要是控制洁净区的温度、湿度、微生物、悬浮粒子和压差，并控制准洁净区空气中细菌总数，保证洁净区和其他区之间的正压差；易产生粉尘功能间与其他功能间的负压差。

124. 环境监测频次如何确定？

企业应当制定洁净区和准洁净区环境监控计划，自行确定监测频次，一般至少每月一次。在停产时间较长或洁净区设备维修后，再次投入生产前也应当进行监测。

125. 包装间是否需要保持适宜的温度和湿度？

《规范》要求，生产车间应当保持良好的通风和适宜的温度、湿度。生产车间是指从事化妆品生产、贮存的区域，按照产品工艺环境要求，可以划分为洁净区、准洁净区和一般生产区。包装间为一般生产区，因此，应当保持适宜的温度、湿度。

126. 已清洁消毒的内包材和容器具，是否可以合并贮存在同一个贮存间？已清洁消毒的灌装用器具是否可以在灌装间内存放？

已清洁消毒的内包材贮存间和已清洁消毒的容器具贮存间在环境要求上是同一洁净级别，因此既可以单独设置也可以共用同一贮存间。如为后者，两者应当在贮存间内分区域存放。

已清洁消毒的灌装用器具不应存放在灌装操作间，避免灌装操作给已清洁消毒的器具带来污染。

127. 生产设备管理制度应当包括哪些内容？

生产设备管理制度应当包括生产设备的采购、安装、确认、使用、维护保养、清洁，对关键衡器、量具、仪表和仪器定期进行检定或者校准等要求。

128. 《规范》第二十五条中的"关键衡器、量具、仪表和仪器"是指哪些？

关键衡器、量具、仪表和仪器是指在企业生产过程中对投料量、生产工艺参数控制、产品质量检验、环境监测、设施设备控制等因素起到关键作用的各种测量设备和仪器仪表。

129. 水处理系统定期监测计划主要包括哪些内容？

企业应建立水处理系统的监控制度及计划，规定水处理系统监控的具体内容，并根据计划实施监控。

水处理系统的监控计划应当包括检测周期、检测指标、检测方法、取样点等内容。

检测周期，企业应按照水处理系统性能确认中确定的采样频率进行规定。应当至少每年进行一次水处理系统质量回顾。

检测指标与检测方法应按照不同生产用水的级别，按照相对应的国家法定标准进行检测，例如对于纯化水的检测，应按照《中华人民共和国药典》（2020 年版）中纯化水的相应检测标准与方法进行。

取样点应至少包括总送水点、总回水点以及使用点。

130. 如何开展水处理系统的定期维护?

应根据水处理系统维护程序对化妆品生产制水设备进行维护，程序内容包括系统的维护频率、不同部件的维护方法、维护的记录、合格备件的控制等。化妆品水处理系统典型的维护工作如下。

（1）贮存罐的定期清洗。

（2）阀门、垫圈等易损部位的定期更换。

（3）管道系统的压力试验、清洗等。

（4）水机多介质过滤器、活性炭过滤器、RO 反渗透膜的彻底清洗及更换。

（5）仪表的检查、检验及更换。

131. 制水系统设备的压力表需要定期检定吗?

制水系统设备上的压力表属于需要进行设备维护、保养、校准的范围。因此，要定期进行检定，确保制水系统的正常运行。

132. 洁净区空气净化系统的配置有何具体要求?

企业空气净化系统的设计、安装、运行、维护应当确保生产车间达到要求。空气净化系统一般由初效过滤、表冷、加湿/除湿、加热、中效过滤、高效/亚高效过滤器,以及送回风管路等结构组成,并结合企业当地气候条件及产品特性进行配置。

133. 空气净化系统定期维护包括哪些方面?

对空气净化系统的维护,包括日常检查和定期维护两方面。

(1)日常检查:包括空调系统的冷冻机、加热设备(锅炉)等关键设备的运行参数是否正常,运行过程有无异响、异动等;空调机组是否运行正常,电机、风机有无异常,冷凝系统排水是否正常等;洁净间的温度、湿度、压差是否在正常范围等。

(2)定期维护:包括对冷热源设备、过滤器等耗材的更换;冷凝器等关键部件的清洗;初、中效滤网等耗材的更换;风机的润滑;皮带校准及更换;积水盘高效过滤器的更换等。

第五章　物料与产品管理

134. 物料的范围包括哪些?

在《规范》中,物料包括生产中使用的原料和包装材料。包装材料包括内包材和外包材,内包材是指直接接触化妆品内容物的包装材料。外购的半成品应当参照物料管理。

广义上讲,物料是指生产中使用的原料、包装材料、半成品、待包装产品以及检测相关标准品、试剂、试液、培养基等。比较规范的生产企业,这些物料都会列入规范管理的范围。

135. 物料管理包括哪些环节? 物料管理的基本原则是什么?

物料管理包括物料供应商遴选、物料审查、贮存、物料验收、关键物料留样、物料放行及不合格品管理。

物料管理的原则:建立物料管理系统,保证物料来源清楚、质量安全信息明确、贮存得当、质量状态明确、流向清晰、具有可追溯性物料标识,防止差错和混淆,确保物料质量安全。

136. 物料供应商是指生产商还是经销商? 供应商审核评价的重点是生产商还是经销商?

物料供应商既包括物料生产商,也包括物料经销商。

由于物料的质量特性是在生产过程中形成的，因此对物料供应商的审核重点是生产商。只审核经销商而不审核生产商的做法显然是不适当的。

如通过经销商购买，还需要审核经销商的运输、贮存条件。如果购买经销商分装的产品，还应当对经销商的分装条件进行审核。

137. 物料合格供应商遴选制度包括哪些内容？

物料合格供应商遴选制度至少包括物料供应商审核评价的范围、内容、方法、程序、合格标准及退出标准等。

138. 哪些供应商需要进行书面审核？哪些供应商需要现场审核？

对所有的物料供应商，企业至少应当进行书面审核。对关键原料，特别是首次采购的关键原料的生产商应当进行现场审核。

139. 供应商书面审核的重点是什么？

书面审核一般包括供应商资质证明（如生产许可证、营业执照等）、供应商供货资料［如检测报告（COA）、送货单、发票、进口原料合法进口文件等］、质量安全风险资料（如安全技术说明书、评估报告等）。供应商包含经销商的，应索取生产商出具的代理授权证明等资料。

140. 如何开展供应商现场审核？

供应商现场审核一般包括如下流程。

（1）制订审核方案。现场审核方案内容一般包括：审核内容、审核周期、审核人员组成及资质。审核人员至少应当包括质量管理部门人员。

（2）通知被审核供应商，以便其做好配合。

（3）实施现场审核。一般应在物料供应商的生产现场进行。

（4）现场审核完成后，根据供应商审核评价标准，评估其是否为合格供应商，形成审核报告。

（5）将审核资料归档留存。

141. 供应商现场审核的重点是什么？

对生产商的审核重点一般包括生产条件（场地、设施设备、人员等）、生产能力及产能（技术水平、生产管理、生产规模等）、质量控制能力（质量管理体系、检验能力等）。

对经销商的现场审核重点包括其运输、贮存条件。如果经销商从事产品分装的，应当对其分装的设施设备及环境等进行审核。

142. 合格供应商一般应满足哪些条件？

合格供应商一般应当满足下列要求。

（1）供应商（生产商、经销商）应具有合法资质。

（2）生产商具备所供货物料的生产条件，包括生产设施、生产人员等。

（3）生产商具备所供货物料的生产技术、生产能力和产能，能够稳定地供应合格的原料。

（4）生产商具有稳定的合乎质量要求的生产原料来源。

（5）生产商具备所采购原料的质量管理能力和检验能力，如委托检验的应与具有相应检验资质的机构签订委托检验合同。

（6）所供货物料属于经销商合法经营范围内。

（7）经销商对所经营物料具有供货保障能力，例如适当的贮存、运输条件。

143. 合格供应商名录包括哪些内容？

供应商名录一般包括物料名称、质量要求，供应商（生产商和经销商）名称、地址和联系方式，审核评价时间及方式等内容。如果对供应商进行分级管理的还需标注供应商级别。

144. 在什么情形下应当对供应商进行再次审核评价？

企业应当根据物料风险程度制定并执行物料供应商再审核评价的周期。除定期审核外，如物料出现质量问题或供应商的生产条件、生产工艺、质量标准等可能影响物料质量的关键因素发生较大改变时，也应进行再次审核评价。

145. 如何确定关键原料？

企业应当根据自己的实际情况来确定本企业关键原料的管理范围，一般可遵循如下原则。

（1）对产品的安全性有较大影响的原料，例如限用组分、提取物、易污染成分，以及在安全监测期的新原料等。

（2）对产品的功效有较大影响的原料，例如防晒剂、着色剂、染发剂、祛斑美白成分等。

（3）在既往监管或生产实践中容易出现问题的原料，包括复配原料、动植物提取物、外购半成品等。

146. 物料验收一般包括哪些方面工作？

对于到货物料应逐批验收，一般从以下几方面进行：

（1）核对包装容器的标识信息，主要包括产品名称、数量、批号、生产企业、生产日期与订单、检验报告、送货票证是否一致。

（2）检查包装容器的外观，主要包括包装容器的完整性、密封性，发现有破损情况应当有特殊处理并形成记录。

（3）查验当批物料的出厂检验报告或者物料合格证明及质量标准证明文件并留存。

（4）必要时对物料进行抽样检验。

对于有特殊贮存条件要求的物料，如温度控制的物料，还要检查送货的运输条件是否符合要求。对于零头包装的物料，在接收时，如有必要，还应核实重量和数量。

147. 企业是否可以直接使用新原料？

根据《条例》要求，在我国境内首次使用于化妆品的天然或者人工原料为化妆品新原料，需要经国家药品监督管理部门注册或备案后方可使用。

148. 企业应如何进行外购半成品管理？

外购半成品一般按照关键原料进行管理。而且，所购买半成品为境内生产的，应索取并留存半成品生产企业的化妆品生产许可证；所购买半成品为境外生产的，应索取并留存半成品生产企业的质量管理体系或者生产质量管理规范的资质证书、文件等证明资料，证明资料应由所在国（地区）政府主管部门、认证机构或者具有所在国（地区）认证认可资质的第三方出具或者认可，载明生产企业名称和实际生产地址信息。

149. 物料审查制度的重点内容是什么？

《规范》中所指的物料审查制度主要是指企业要对物料合法、合规性进行审查。包括建立原料、外购的半成品以及内包材清单，留存质量安全相关资料，如原料分析证明、检测报告、安全技术说明书等，应明确原料、外购半成品成分及其含量。

企业应当在物料采购前对原料、外购的半成品、内包材实施审查，不得使用禁用原料、未经注册或者备案的新原料，不得超出使用范围、限制条件使用限用原料，确保原料、外购的半成品、内包材符合法律法规、强制性国家标准、技术规范的要求。

150. 物料验收的主要方式有哪些？什么情况下需要采用检验方式？

物料验收一般采用对物料供应商提供的物料检验合格证明材料的确认、抽样检验，或两者相结合的方式进行。

抽样检验是验收的重要手段，一般适用于主要原料、关键原料、首次从供应商采购的原料，以及供应商不能提供可靠的产品检验合格报告的情形。

151. 采用物料供应商提供的产品检验合格报告作为验收依据的，应满足什么条件？

根据 ISO 22716:2007 第 6.5 条，企业只有在确定了技术要求、供应商经验和专业知识，并经供应商审核而认可了供应商的检验方法基础上，原料和包材的验收才能基于供应商的检测证明。因此，如采用物料供应商提供的产品检验合格报告作为验收依据的，质量管理部门应当对供应商的检验能力进行了审核评估。而且，物料供应商检验报告依据的质量标准应当与企业的验收标准相符合。对于关键原料的验收，建议应当增加抽样检验。

152. 对关键原料留样有什么要求？是否每批均需留样？

《规范》规定关键原料应当按照要求留样并保存留样记录。留样的原料应当贴有标签，内容包括原料中文名称或者原料代码、生产企业名称、原料规格、贮存条件、使用期限等信息，以保证可追溯性。

关键原料最好每批次进行留样，留样的数量应当满足质量检验的要求。企业应当根据原料特性和风险程度规定关键原料的范围。

153. 对于物料存放有何要求？

应按照物料的贮存条件，分批分类摆放。接收的物料在放入贮存区域指定的货位时应填写货位卡，内容一般包括物料名称或者代码、生产商名称、经销商名称、生产批号、生产日期、数量、使用期限等。货位卡应放在相应物料的货位上，并与物料贮存的实际情况保持一致。采用信息化管理的，可不设纸质货位卡，但货位上的信息码应当反映物料的真实情况。

154. 企业如何确定物料的贮存条件？

企业在确定物料贮存条件时一般可依据以下原则。

（1）根据生产厂家标签上的贮存条件。

（2）根据物料性质、稳定性数据并结合使用的适用性。

（3）除以上两项外，还应注意不同物料之间的相互影响，例如酸、碱一般分开贮存，腐蚀性强、易挥发性物料应单独贮存等。

（4）当改变一种物料的贮存条件时，应进行风险评估，并得到 QA 人员批准。

155. 常温、阴凉、低温条件贮存的温度和湿度要求有哪些?

《规范》并未对常温、阴凉、低温条件贮存的温度和湿度作明确规定。一般来说，标注常温条件贮存的，温度为 10～30℃，相对湿度为 35%～75%；标注阴凉条件贮存的，温度为不高于 20℃，相对湿度为 35%～75%，并避免直射光照；标注低温条件贮存的，温度范围为 2～10℃。

156. 物料信息标识应包括哪些内容?

物料标识一般包括物料名称或者代码、生产商、经销商、生产日期或者批号、数量、使用期限和贮存条件等。

（1）名称：对于已在现行版《国际化妆品原料标准中文名称目录》中的原料应使用标准中文名称。无国际化妆品原料名称（INCI 名称）或未列入《国际化妆品原料标准中文名称目录》的，应使用《中华人民共和国药典》（2020 年版）中的名称或化学名称或植物拉丁学名。对于半成品、产品、包装材料和其他物料，企业可按照内部规定的命名规则命名。

（2）代码：物料和产品应给予专一性的代号，相当于物料和产品的数字身份。使用代码的主要目的是确保每一种物料或产品均有其唯一的身份，有利于消除混淆和差错。

（3）批号：物料和产品应给予专一性的批号，满足物料和产品的系统性、追溯性要求。批号通常由数字表示或由字母＋数字表示。

（4）生产商、经销商：生产商和经销商应按照物料采购信息填写。需注意物料的生产商、经销商应在合格供应商名录中。

157. 对不合格品管理有何要求？

对检验不合格批次的物料，应当及时移入不合格区内，不合格区应设置专门的不合格物料存放区。同时将物料的状态标识由待检变更为不合格，及时按不合格品处理规程进行处理，并保留处理记录。

对未放行的不合格产品，应存放于不合格品区内，明确标识，及时按不合格品处理规程进行处理，并保留处理记录。

对已上市销售的产品发现不合格情况的，应立即停止生产，并按照召回管理制度进行产品召回及处理。

不合格品的管理应当建有记录，一般包括不合格项目、不合格原因、退货或者销毁等处理措施经质量部门批准的情况、不合格品处理过程等。

158. 委托方提供物料的，其供应商是否可以不纳入受托生产企业供应商名录？

委托方提供物料的供应商应当由委托方对物料供应商的遴选和审核评价负责，并参照《规范》第二十八条要求建立合格供应商名录。受托生产企业可不列入其供应商名录。

159. 物料超过其有效期后，是否可以确认合格后继续使用？

超过使用期限的物料应当按照不合格品管理。企业不得使用超过使用期限的物料生产化妆品。

160. 物料超过其有效期后，如果由供应商提供延期使用证明，是否可以继续使用？

物料的有效期是生产商根据物料的稳定性等产品特性确定的，除非有足够的证据证明其原来的有效期是错误的，否则不能通过提供一纸延期使用证明就可以延期使用。

161. 何为生产用水？何为工艺用水？

生产用水包括工艺用水和非工艺用水。生产用水的质量至少满足我国饮用水标准 GB5749—2022《生活饮用水卫生标准》。

工艺用水是指生产中用来制造、加工产品以及与制造、加工工艺过程有关的用水。简单地讲，工艺用水是指用作产品原料的水，例如常见的化妆水、乳液、膏霜等产品中主要的配方成分就是水，或在生产工艺中加入，然后又可能全部或部分除去的水，例如生产粉状化妆品时，为了原料能混合均匀，可能将部分原料先混合于水中，然后再在后续工艺中去除的水。工艺用水的质量根据产品的质量特性和工艺要求而定，一般需将饮用水（原水）经过离子交换法、反渗透法、蒸馏或其他适宜的方法或多种方法结合进行纯化处理后制备。

非工艺用水是指除工艺用水之外的其他生产过程的辅助用水，例如生产设备、管道清洗用水，或对设备加热、冷却用的水。

162. 生产用水的种类有哪些？

根据制备方法不同，生产用水可分为如下几种。

（1）饮用水：市政自来水管道供水，为天然水经净化处理所得。其质量必须符合现行国家标准 GB5749—2022《生活饮用水卫生标准》。

（2）纯化水：指饮用水经蒸馏法、离子交换法、反渗透法或其他适宜的方法制得的水，不含任何添加剂。

（3）软化水：指饮用水经过离子交换树脂或其他软化处理方法后，不含或含少量可溶性钙、镁化合物的水。

（4）去离子水：将离子去除或离子交换过程作为最终操作单元或最重要操作单元的水。当去离子过程采用特定的电去离子法时，则称为电去离子水。

（5）蒸馏水：将蒸馏作为最终单元操作或最重要单元操作的水。

（6）超纯水：应用蒸馏、去离子化、反渗透技术或其他适当的超临界精细技术制备出的水，其电阻率接近于 $18.3M\Omega \cdot cm$。一般用于实验室检测，例如用于配制液相色谱仪的流动相。

163. 生产用水为市政集中式供水的，是否需要每年由取得资质的检验检测机构对生产用水进行检测？

《规范》规定，生产用水为小型集中式供水或者分散式供水的，即自选水源（如井水）的企业，应当由取得资质认定的检验检测机构对生产用水进行检测，每年至少一次。生产用水为市政集中式供水的，《规范》未规定需要每年由取得资质的检验检测机构对生产用水进行检测。

164. 化妆品标签应当满足什么要求？内包材上的标签是否可由委托方或经销商进行粘贴？

《规范》第三十四条规定："企业应当建立并执行标签管理制度，对产品标签进行审核确认，确保产品的标签符合相关法律法规、强制性国家标准、技术规范的要求。内包材上标注标签的生产工序应当在完成最后一道接触化妆品内容物生产工序的生产企业内完成。"所以，化妆品内包材上的标签不得由委托方或经销商进行粘贴。

165. 产品生产日期或者批号可以擅自更改吗?

　　根据规定,产品的使用期限不得擅自更改。鉴于使用期限是直接基于生产日期和批号的,因此生产日期及批号均不得随意更改。对产品生产日期或者批号的擅自更改,应当视同违背了《条例》《规范》中"产品的使用期限不得擅自更改"的规定。

第六章　生产过程管理

166. 什么是生产过程管理?

生产过程管理（production process management）是计划、组织、协调、控制生产活动的综合管理活动，内容包括生产计划、生产组织以及生产控制。生产过程管理是产品达到质量标准要求的重要管理环节，通过合理组织生产过程，有效利用生产资源，经济合理地进行生产活动，以达到预期的生产目标。

167. 为什么说生产过程是保证化妆品质量安全的关键环节?

生产过程是从原料到产品的必经途径。化妆品质量安全既取决于产品配方、工艺的科学合理性，也取决于生产原料的质量和生产设施设备的可靠性，更取决于产品生产过程的严格和规范管理。产品生产过程会受到原料、生产设备、生产环境、生产操作人员行为和活动等诸多因素的影响，存在复杂而多变的不确定性，因此，为了保证生产出合乎质量要求的产品，必须对生产过程进行严格控制，以减少污染、交叉污染、偏差和混淆等不利影响。

168. 生产过程管理主要包括哪些内容?

生产过程管理的主要内容包括构建有效的生产管理体系，明确生产中各岗位相关人员的职责，提高岗位员工对质量安全和技术规范的理解，动态提升岗位员工的技术操作水准，以利于更好地完成生产质量安全目标。

169. 生产过程管理的目标是什么？

生产过程管理的目标是规范生产过程的操作，保证生产过程的持续稳定，降低混淆和交叉污染的风险，确保产品质量安全可靠。最为关键的是，保证生产操作人员在产品生产过程中严格遵循产品注册备案的技术要求、产品生产工艺规程以及岗位操作规程。

170. 生产管理制度应当包含哪些内容？

企业应当根据其生产品种、数量和生产许可项目制定相应的生产管理制度，制度应包含生产管理全过程。

生产管理制度内容至少包括生产计划和指令的制定、领料及复核、生产前生产条件的确认、各生产工序的操作管理、物料流转标识、生产记录、清场、清洁消毒、物料平衡、退仓物料管理、不合格品管理、半成品贮存及转运、物料与产品放行、安全生产管理等内容。

企业制定的生产管理制度一定要与企业自身的实际情况相适应。而且，随着制度的运行实践以及企业生产条件的变化及生产许可范围的变化进行不断的修改完善，保持适用性和有效性。

171. 化妆品产品技术要求主要包括哪些内容？

化妆品产品技术要求是产品质量安全的技术保障，内容应当包括产品名称、配方成分、生产工艺、感官指标、理化指标、微生物指标、检验方法、使用说明、贮存条件、保质期等。

企业必须严格按照化妆品注册或备案资料载明的技术要求组织生产，不得擅自改变，以保证产品质量安全。

172. 什么是产品生产工艺规程？主要包括哪些内容？

产品生产工艺规程是指生产一定数量成品所需起始原料和包装材料的数量，以及工艺流程、工艺参数、工艺相关说明及注意事项，包括生产过程控制的一份或一套文件。产品生产工艺规程应当源于产品配方设计、生产工艺的研发及验证过程，固化于产品的注册、备案资料。因此，应当与化妆品注册、备案资料的技术要求保持一致。

产品生产工艺规程与具体生产的产品有关，内容一般包括产品名称、配方、工艺流程图、完整的工艺描述、各生产工序的操作要求，以及生产工艺参数和关键控制点、物料平衡的计算方法及设定的限度范围、物料和中间产品及成品的质量标准、贮存注意事项，以及成品包装材料的要求等。

173. 产品生产工艺规程应当由谁制订？应当注意什么问题？

产品生产工艺规程应由化妆品注册人、备案人的技术人员起草，经质量部门负责人审核，质量安全负责人批准后，分发生产部门执行。

生产工艺规程制订过程应当通过放大试验和商业化生产规模的验证。一旦制定和批准不得任意更改，如需更改，应当按照相关的操作规程修订、审核和批准。鉴于生产工艺规程属于企业的技术秘密，应当做好保密管理工作，避免泄露。

174. 什么是验证？什么是确认？两者有何区别和联系？

验证是指证明任何操作规程或者方法、生产工艺或者设备系统能够达到预期结果的一系列活动。验证是生产质量管理的重要手段，验证的范围既包括生产规程、生产方法、生产工艺，又包括生产设备系统（含生产辅助系统，例如制水系统和空调系统）、检验仪器设备和信息化、自动化电子管理或记录系统。验证的方法，一般采用试验的方法，也可采用其他实证性方法。

在《规范》中，还会出现"确认"的概念。许多人常会对"验证"和"确认"的含义产生困惑。实际上两者既有联系又有区别，均是质量管理体系的重要管理手段。

从定义上讲，验证是证明任何操作规程（或方法）、生产工艺或系统（包括厂房设施设备系统、计算机系统等硬件系统，也包括文件系统、追溯性系统等软件系统）能够达到预期结果的一系列活动；确认是指为厂房、设施、设备能正确运行并可达到预期结果提供客观证据的过程。因此，验证和确认本质上是相近甚至是相同的概念。

在适用范围上，确认通常用于厂房、设施、设备、检验仪器等具体客体，而验证则用于生产工艺、操作规程、检验方法或软硬件系统等系统性客体。

在适用方法上，验证一般采用试验的方法，也可采用其他实证性方法，而确认既可以采用试验的方法，也可以采用对已有客观证据，例如供应商提供的仪器设备的技术资料、图纸、质量检验或检测报告、检定或校验报告等审核的方式进行。可以说，确认更注重证据，验证既注重证据也注重证据获得的过程。

厂房、设施、设备的确认包括设计确认（DQ）、安装确认（IQ）、运行确认（OQ）、性能确认（PQ）。在此意义上，确认也是厂房设备系统验证的组成部分。

企业应当建立验证和确认的管理制度，规定验证或确认的范围、职责、方法和要求，以保证验证和确认工作规范有效开展。还要重视建立和保存相关记录。

175. 什么是工艺验证？化妆品工艺验证主要包括哪些内容？

工艺验证是指证明在预定工艺参数范围内运行的工艺能持续有效地生产出符合预定的质量标准和质量属性的产品的证明文件。

企业应建立工艺验证管理规程，预先制订验证工作方案，保证验证工作有根有据地开展，并形成验证记录和报告。验证结果超出预期的，应有调整措施。生产工艺参数、关键控制点及物料平衡限度是化妆品工艺验证的重点内容。

化妆品生产工艺验证一般应由小试到中试，再到规模化生产，应对工艺参数的变化进行反复验证，确保能够持续稳定生产出合格的产品。

当影响产品质量的生产条件（例如生产场地、主要实施设备等）以及主要工艺参数等发生改变时，企业应当进行再验证。

176. 什么是岗位操作规程？主要包括哪些内容？

岗位操作规程是指与具体操作岗位有关的文件，是生产过程中每个岗位的通用要求。岗位操作规程的制订应当涵盖环境控制、设备操作、维护与清洁、称量、配制、灌装与填充、取样和检验等所有生产相关岗位，以确保每个岗位人员都能够及时、准确地执行质量相关的活动和要求。

岗位操作规程应当规定某一具体岗位的职责、活动范围、操作流程、所使用的仪器设备或工位器具，以及岗位的质量控制要求。

177. 产品生产工艺规程与岗位操作规程有何关系？

产品生产工艺规程与岗位操作规程既有区别又有联系。生产工艺规程与具体产品有关，一般由化妆品注册人或备案人制订。生产岗位操作规程与具体的生产岗位有关，一般由生产企业制订。

在产品的生产质量管理过程中，各岗位的操作人员既应当遵循所在岗位的操作规程，也应当遵循所生产产品的生产工艺规程。

178. 生产指令主要包括哪些内容和要求？如何保证生产指令得到有效执行？

企业应指定有关部门根据生产产品的工艺规程和生产计划编制生产指令。生产指令的内容包括产品名称、规格、批号、产品配方、生产总量、内外包材和标签说明书的使用量、生产日期等，并要注明制订人、审核人、批准人、接收人和日期等信息。

生产部门人员应当根据生产指令进行生产。整个生产过程中应保持生产批号（或者与生产批号可关联的唯一标识符号）在各生产环节记录中的一致性，以保证产品生产全过程的追溯性管理。

179. 生产指令单中的配方是否可以仅填写配方编号？

生产指令单中一般不能只填写配方编号。如果仅填写配方编号，相关生产操作人员有可能因不明确具体的配方内容而无法准确操作，而且在事后追溯时，无法确定领料、称量、配制工序的实际生产是否与工艺规程一致。

180. 领料管理一般包括哪些方面？

企业应指定专人按照生产指令领取物料并填写领料单。领料单内容应包括领料部门、领料日期、物料名称（物料编码）、物料批号、规格、请领数量、实发数量、领料人签名、库管员签名等信息。领料人持领料单向库房领料，并对所领用物料包装的完整性、标签标识、物料名称（物料编码）、规格、批号、有效期等信息进行逐一核对，经质量管理人员确认合格后才可放行用于生产。

181. 企业如何在生产前对生产条件进行确认？

在正式生产前，企业应当对生产环境、生产设备、清场状态、生产所用原料及包装材料等进行逐一确认。

（1）生产环境确认。生产车间应符合《规范》附2化妆品生产车间环境要求中，对悬浮粒子、温度、湿度、静压差、照度等参数的要求，并保持整洁。

（2）对生产设施、设备进行确认。生产设备均应处于正常使用和清洁有效的状态；设备上的计量器具仍在校验有效期内；生产需使用的周转容器均应保持有效的清洁状态。

（3）上一批产品生产结束后经过清场、清洁和消毒，仍然处于有效期内。车间内与即将生产品种无关的物料、容器及其他物品应清理完毕。

（4）对领取物料名称、数量及质量状态逐项认真查验，确认物料标识的符合性。

182. 内包材的使用管理有哪些要求？

企业应建立内包材清洁消毒管理制度，制定内包材脱包和清洁消毒操作规程，消毒的方法需经过验证，需提供验证方法和报告并保留记录。内包材经脱包装并清洁消毒后，方可进入生产区域。对无须清洁消毒的内包材，应在采购时索取其卫生质量报告单，提供数据证实产品的质量安全性，并在脱包装前，检查包装有无破损污染，并对其卫生符合性进行确认。

183. 原料、包装材料脱包后是否需要消毒？常用消毒方式有哪些？

企业在使用内包材前，除已由生产商清洁消毒并确认其安全性的内包材外，应当按照清洁消毒操作规程进行清洁消毒。具体清洁消毒方式由企业自行选择，但应经过验证。

根据不同的物料性质可以采用不同的消毒方式，例如紫外线照射、臭氧、酒精擦拭等。

184. 对于企业在生产过程中所用物料及半成品的标识有哪些要求？

生产期间所有物料、半成品都应当标识清晰，以便准确识别物料和批次，防止出现混淆和差错。使用的物料、半成品以及其容器应加贴标签，标识名称或者代码、生产日期或者批号、数量等信息。物料名称使用代码标识的，应当建立代码对照表，明确对应的标准中文名称。物料、半成品标识的内容应与产品批生产记录有关信息相一致，重要的是生产批号在生产全过程中必须保持一致。物料、半成品在各环节间流转应做好交接和记录。

185. 企业生产过程控制有哪些要求？

企业生产部门负责人应对各岗位的员工进行生产工艺规程及岗位操作规程的技术培训，明确各岗位的具体操作要求。生产过程中生产操作人员必须严格按照产品生产工艺规程及岗位操作规程进行操作，做好相关生产工序的生产记录。

质量管理人员应对生产过程进行不定期的、随机的抽查，抽查生产人员的操作是否与产品生产工艺规程及岗位操作规程所规定的技术要求及参数相一致，并在其相应记录中签字确认。如发现问题应及时作出整改，以确保生产工艺规程及岗位操作规程得到严格执行。

186. 领料记录一般包括哪些内容?

领料记录即领料单。一般应当根据生产指令编制领料单，向仓库限额领取物料。其内容至少应包括领料部门、领料日期、物料名称或编码、物料批号、规格、请领数量、实发数量、领料人签名、库管员签名、复核人签名等。

187. 称量记录一般包括哪些内容?

称量记录一般包括产品名称、批号、批量、规格、原料称量、物料平衡、清场情况、记录人签名、复核人签名等。

188. 配制记录一般包括哪些内容?

配制记录一般包括产品名称、批号、批量、规格、配制前检查、配制记录（标准操作程序、生产工艺参数记录）、物料平衡、检测项目、清场情况、记录人签名、复核人签名等。

189. 包装记录一般包括哪些内容?

内包装记录即填充或者灌装记录，包括产品名称、批号、批量、规格、灌装前检查、首件检查、灌装计量抽检、物料平衡、偏差处理、清场情况、记录人签名、复核人签名等。

外包装记录包括产品名称、批号、批量、规格、包装前检查、首件检查、包装计量抽检、物料平衡、偏差处理、清场情况、记录人签名、复核人签名等。

190. 检验记录一般包括哪些内容?

检验记录包括产品名称、批号、批量、规格、取样日期、检验日期、报告日期、检验依据、检验项目、标准规定、检验结果、检验结论、检验人签名、复核人签名等。检验报告应具备溯源性。

191. 产品放行记录一般包括哪些内容?

产品放行记录包括产品名称、批号、批量、规格、批生产记录审核、批检验记录审核、物料包装和仓储管理审核、物料平衡审核、放行审核结论,以及审核人、复核人和质量安全负责人签名等。

192. 什么是物料平衡?为什么要进行物料平衡检查?

物料平衡是指产品或物料的理论产量(或理论用量)与实际产量(或实际用量)之间的比较,并适当考虑可允许的正常偏差。

物料平衡与生产管理制度落实及生产成本控制息息相关,企业应建立物料平衡管理制度,每个关键工序都须计算物料平衡限度,即配料、分装、包装等都须在批生产记录内计算并记录本工序的物料平衡限度,以避免或及时发现差错与混料。批生产记录上必须明确规定物料平衡限度的计算方法,以及根据以往验证结果确定的物料平衡限度的合理范围。

193. 如何计算物料平衡率?

物料平衡率的计算公式如下:

物料平衡率（%）=（实际产量 + 检验抽样量 + 其他可解释的损耗）/ 理论产量 ×100%

其中，实际产量是指产品实际产量；理论产量是指在生产中无任何损失或差错的情况下得出的最大数量。

在生产过程中如计算出的物料平衡率，超出生产工艺规程设定的限度范围，应详细核对并记录物料异常过程及数量，及时查明原因，并报告生产负责人和现场质量管理人员。只有在查明原因，确认无潜在质量风险后，方可进入下一工序。

194. 生产后的清场应注意哪些方面？

生产后清场包括与下次生产无关的物料、包装材料、废弃物等的清除出场，以及对各生产区域及内置设备、管道、容器、器具予以清洁消毒。

清场完成后，应当明确标识清场状态，即悬挂清场合格证，内容包括清场日期、清洁消毒内容、清场有效期限、清场人签名及复核人签名等。

清场结束后，应将清场合格证纳入下一批次产品的生产记录中。

195. 生产结存物料的退库管理重点有哪些？

在生产结束时，生产人员应对照生产指令，核对生产过程剩余物料的信息，包括物料名称、数量，并填写物料退库记录单，内容包括物料名称、批号、领料量、退料量及退料原因。

质量管理人员应对结存物料进行核对，重点有以下方面。

（1）对尚未开封的物料，检查包装是否完整，封口是否严密，数量与生产指令上的领、用、余量是否相符，确认所余物料无污染。

（2）对已经开封的零散包装的物料，其开封、取料等是否均在与生产洁净级别要求相适应的洁净区操作，数量与生产指令上的领、用、余量是否相符，确认所余物料无污染。

经核对，对剩余生产物料的质量产生怀疑的，应进行取样检验，确认所余物料未被污染；对确定为不合格的物料，将有关内容填入退料单中。质量管理人员对退库的结存物料进行核实并签字确认。

结存物料在退库前，应复原包装并密封，贴上标签和封条，标签上应注明物料名称、批号、规格、退料量。仓库管理人员在接收退仓物料时，应核对退料单据与退仓物料的名称、批号、规格、数量是否一致，并做好退料标记。合格的退料送入库房内，放置在单独的货位，注明物料名称、批号、规格、退料量等信息，保证物料下次出库时优先使用。不合格物料退回仓库时，放置在不合格区内，按不合格物料予以处理。

196. 生产过程中补充添加增稠剂、pH 调节剂等物质，导致与备案配方用量不一致，是否允许？

企业应当按照化妆品注册、备案资料载明的技术要求建立并执行产品生产工艺规程和岗位操作规程，确保按照化妆品注册、备案资料载明的技术要求生产产品。增稠剂、pH 调节剂等添加应当根据生产工艺规程和岗位操作规程进行。

197. 什么是不合格产品？

不合格产品包括入库检验中出现检验不合格的产品、销售后退回出现验收不合格的产品、在库养护中出现不合格的产品、监管部门抽检不合格的化妆品、监管部门公布质量不合格的化妆品或明令禁止销售的化妆品。

198. 如何对不合格产品进行管理？

企业应当对不合格产品实施严格管理，建立不合格产品管理制度。被判定为不合格的产品，质量管理部门及时对不合格品进行标识，存放在不合格品区，不合格品区设专人、专账管理。应分析不合格产品产生的原因，确认产品能消除不合格因素的，如批量色泽差异、规格及包装材料错误等，不存在质量安全问题的不合格品，可进行返工。产品出现重金属或微生物指标超标、限量成分超标、功效成分不足等问题，属存在质量安全问题，应当直接作销毁处理。

不合格品的销毁、返工等处理措施应当经质量管理部门批准并监督执行。需销毁的不合格品应填写销毁记录，注明产品名称、规格、批号、销毁原因、销毁数量、销毁手段、销毁日期等，并由销毁人、监督销毁人及企业负责人签名。

企业应当确定每种半成品的使用期限，使用期限的确定应当有明确的依据或者经过验证。超过规定期限没有灌装的半成品应当按照不合格品处理。

199. 如何确定半成品的使用期限？

半成品的使用期限应由企业综合考虑产品特性、稳定性和科学试验自主确定，同时承担产品上市后的质量责任。如超过使用期限未填充或者灌装的，应当按照不合格品处理。

200. 外购半成品进行灌装生产的，半成品的使用期限应以进厂日期计算还是配制日期计算？

外购半成品的使用期限应由半成品的生产企业确定并明确标识，灌装生产企业应以半成品标签标识的使用期限为准，保证生产日期或批号相互关联可追溯。

201. 直接购买半成品进行灌装的，半成品供应商应提供什么资料？

外购的半成品参照物料管理。半成品供应商应配合提供物料供应商审核、物料审查及进货查验等所需资料，包括半成品的生产许可资质证明、半成品的成分组成、半成品质量安全相关信息、质量检验合格证明、送货票证等。

202. 同一批次的半成品，不同时间填充或灌装，是否要按照填充或灌装时间标注不同的生产日期和批号？是否需要按填充或灌装批次分别留样？

同一批次半成品，在不同日期填充或灌装的，其成品一般按照填充或灌装日期标注相应的批号和生产日期，但是，其使用限期应当以半成品生产日期推算，即将原使用期限扣减半成品生产到填充或灌装之间的时间。

同一批次的半成品，不同时间填充或灌装，应当按填充或灌装批次分别留样。

需要注意的是，填充或灌装时间必须在半成品的使用期限内完成，而且不同批次的批生产记录应当与半成品生产批次建立关联，保持可追溯性。

203. 产品放行包括哪些要求？

企业应当建立并执行产品放行管理制度，明确规定产品放行的条件、程序、执行和负责人员。

放行的条件包括两大方面：

（1）产品已按照出厂检验标准进行了检验，且所有检验项目均为合格。

（2）与产品相关的所有生产和质量活动的记录，包括批生产记录的完整性、准确性均经审核，物料平衡经核算也满足限度要求。

只有同时满足以上条件，方可放行出厂或存入合格品库。

204. 产品放行由何人执行？

放行的具体审核一般由质量管理部门进行，放行文件应当由质量部门负责人审核签字、质量安全负责人或其授权人员批准签署。

产品的放行需要对产品及其生产和检验的全过程进行评价，因此，仅仅依靠质量安全负责人来完成对生产和检验的所有细节的评价是不够的。产品的质量评价相关部门（质量部门和生产部门等）均应承担起相应的职责，将正确可信的信息、决议和评价情况传递给质量安全负责人。企业的产品放行管理制度中应明确相关部门协同管理的职责和程序，以保证质量安全负责人能够作出准确的放行决策。

205. 生产企业能否在出厂检验完成前先发货给经销商或委托方，待产品检验合格，批发商收到检验合格报告后再上市？

不允许在化妆品检验合格结果出来前先发货给经销商或委托方。按照《规范》要求，受托生产企业和委托方均应当建立并执行产品放行管理制度。委托方的放行不能替代受托方的放行。委托方应当在受托生产企业确实完成产品出厂放行的基础上，确保产品经检验合格且相关生产和质量活动记录经审核批准后，方可放行出厂。

206. 在正式生产前进行工艺验证的半成品，是否可以与正式生产的产品混合？

工艺验证的半成品与正式生产的半成品属于不同批次，而且可能是在生产工艺尚未稳定的条件下生产的不合格品，因此，应严格按照批次管理，不可混合使用。

第七章　委托生产管理

207. 什么是委托生产？委托生产包括哪些情形？

委托生产是化妆品行业的主要生产业态。由于委托生产的类型多样、委托双方质量安全责任定位不清等原因，甚至存在受托企业转委托的情况，因此成为化妆品质量安全风险较高的环节。《规范》明确了在化妆品法律法规中的委托生产行为仅指由化妆品注册人、备案人委托持有有效化妆品生产许可证企业的生产行为。化妆品注册人、备案人可同时委托多家受托生产企业生产同一品种化妆品，但受托生产企业不得再次转委托生产企业进行生产。

化妆品注册人、备案人可以自行生产化妆品，也可以委托其他企业生产化妆品。因此，化妆品注册人、备案人可以是具备生产条件，从事化妆品生产活动的企业或者其他组织，也可以是自身不具备生产条件，全部委托其他具备相应生产条件的受托生产企业生产化妆品的企业或者其他组织，还可以是虽然本身具备了生产条件并组织生产，但仍然同时将部分自产品种或者自身生产单元以外其他单元的化妆品委托具备相应生产条件企业生产的企业或者其他组织。

208. 委托方应当承担的主体责任包括哪些方面？

为进一步落实化妆品注册人、备案人制度，《规范》明确了委托方，即化妆品注册人、备案人应当承担的主体责任：

（1）应当建立质量管理体系，确定受托生产企业遴选标准，并对受托生产企业生产活动进行监督。

（2）应当设立质量安全负责人并承担相应职责。

（3）应当留样并符合相关要求。

（4）应当承担产品上市放行职责。

（5）应当建立并执行记录管理制度，监督受托生产企业保存执行生产质量管理规范的相关记录。

209. 委托方质量管理体系的建立包括哪些内容？

委托生产的注册人、备案人建立的质量管理体系通常包括以下重要方面。

（1）企业首先要建立质量方针和质量目标。

（2）企业应当为实现质量方针和目标提供必要的资源，包括人力资源、设施设备等硬件资源。

（3）企业应当建立健全质量体系文件，用文件化的方式阐述或规定各种与质量相关的所有过程和活动。

（4）企业应当建立健全相关质量过程和活动的记录系统，保持各项过程或活动能够追溯。在质量体系文件的建立过程中，应当重点关注对质量方针和质量目标、质量管理制度、质量标准、配方和工艺规程等内容的文件化管理。

210. 委托方质量管理体系中对组织机构有哪些要求？

不同的委托方，其委托生产的化妆品类别特点、品种数量、生产产量、生产频次、市场需求、市场规模等各不相同，因此，委托方应充分考虑这些因素，结合本企业实际，建立"与所注册或者备案的化妆品和委托生产需要相适应"的组织机构。

　　明确各关键环节的负责部门和职责是确保质量管理体系有效运行的重要保障。委托方的质量管理体系应涵盖从产品研发、生产、经营、上市后管理等全过程，应明确注册备案管理、生产质量管理、产品销售管理等关键环节的具体负责部门和职责。虽然具体设置的管理部门和名称可由委托方自行确定，但企业却应当明确履行产品注册备案管理、生产质量管理、产品销售管理等职责的具体部门。

211. 委托方质量管理体系中对组织机构中配备相应人员有哪些要求？

　　人员是确保质量管理体系有效运行的另一个关键因素，企业所有制度的执行都由人来完成，各关键环节的负责部门和职责确立后，需要配备合适的管理人员来具体负责实施。对于质量安全负责人等人员，企业首先应关注人员资质条件的符合性，但更为重要的是人员的能力问题，其实际具备的专业知识、生产或质量管理经验可以作为综合考量的因素。另外，在聘用人员前应关注其是否属于《条例》规定的不得从事化妆品生产经营活动的人员，即违法单位的法定代表人或者主要负责人、直接负责的主管人员和其他直接责任人员，有禁业期限的应查看是否尚在禁业期限内。

　　企业一般可通过组织机构图、质量手册等，明确本企业的组织架构、各部门的职责和权限，以及相互间的关系。同时，还要通过任命文件对各管理部门负责人进行任命，并明确其职责权限和义务。

212. 《规范》对委托方有什么要求？

　　按照《规范》规定，委托方应当持有所委托特殊化妆品的注册证或者普通化妆品备案凭证。

需要注意的是，委托方应当在特殊化妆品生产前完成注册，在普通化妆品上市销售前进行备案。受托生产企业在接受化妆品委托生产前，应当关注是否是已注册的特殊化妆品或已备案的普通化妆品。

213.《规范》对受托方有什么要求？

按照《规范》规定，受托生产企业必须持有化妆品生产许可证，并且其生产许可范围包括所委托的生产单元。受托生产儿童护肤类、眼部护肤类化妆品的，还应当具备相应的生产条件。

《化妆品生产经营监督管理办法》第五十八条规定，化妆品生产企业生产的化妆品不属于化妆品生产许可证上载明的许可项目划分单元，或者化妆品生产许可有效期届满且未获得延续许可的，视为未经许可从事化妆品生产活动。因此，委托方在选择受托生产企业时，既要关注对方是否持有化妆品生产许可证及其许可范围，还要关注化妆品生产许可证是否尚在有效期内。

214. 委托方设置的质量安全负责人有哪些特殊要求？

委托方质量安全负责人的资质条件与从事化妆品生产活动的化妆品注册人、备案人、受托生产企业的质量安全负责人资质条件是完全相同的。委托方应结合教育背景、培训经历、工作履历，重点是其履行相应职责的能力，来聘任合格的质量安全负责人。

质量安全负责人需由委托方以任命书的形式任命，任命书应明确其职责、权限和任职期限。

委托方应建立制度，确保质量安全负责人独立履行相应职责。当确需指定其他人员协助履行职责时，应注意：①需经法定代表人书面同意；

②仅可指定除《规范》第五十条职责中（一）（二）项以外的其他职责；③被指定人员需具备相应资质和能力；④如实记录协助履职的时间和具体事项等；⑤质量安全负责人的法律责任并不因职责的委托而转移，且需对协助履职人员进行监督。

215. 委托方对受托生产企业遴选审核管理有哪些要求？

按照《条例》，化妆品注册人、备案人对化妆品的质量安全和功效宣称负责。因此，即使其自身不直接从事化妆品生产活动，而是委托取得相应化妆品生产许可的企业生产，当其放行上市销售的产品被发现不符合强制性国家标准、技术规范或者不符合化妆品注册、备案资料载明的技术要求时，仍然要承担主要的法律责任。因此，对委托方而言，对受托生产企业的遴选和审核至关重要。

委托方应当根据委托产品的类型、单元、生产规模、生产频次、质量要求等，确定受托生产企业的遴选标准。在首次委托生产前，应当对生产企业开展资质审核和考察评估。

资质审核的重点是受托生产企业是否具备受托生产的基本条件，主要审核企业是否具备有效的生产许可证；是否具有与拟委托产品相符合的生产许可项目；对于儿童护肤类、眼部护肤类化妆品，还要看是否具备相应的生产条件。

216. 委托方对受托生产企业遴选审核考察评估的重点包括哪些内容？

考察评估重点是受托生产企业的生产能力和生产质量管理体系的建立与运行情况。考察评估一般以对生产企业现场实地考核的方式进行。考核内容主要包括生产企业的生产环境、生产和检验设施和设备、管理和技术人员配备、物料和产品管理、质量管理和质量控制、质量管理制度和记录系统等环节。在考察时可参考该企业既往接受监管部门检查或第三方质量体系认证情况的记录。

委托方应当根据资质审核和现场考察考核的情况，按照受托生产企业的遴选标准，作出其是否适合作为受托生产企业的评估。评估过程和结果应当保存相关记录。

217. 受托生产企业名录及档案资料应当包括哪些内容？

遴选确定后，委托方应当建立受托生产企业名录。受托生产企业名录应列明受托生产企业名称、地址、联系方式，委托生产产品名称、注册证编号或者备案编号，委托生产范围（全部委托还是分段委托，分段委托应当明确生产工序名称，委托方是否全部或部分提供物料等）、委托生产起止时间等信息。国产化妆品还应标注生产企业生产许可证编号。

受托企业管理档案内容应包括受托生产企业资质文件、委托合同书、对受托生产企业的审核、考察评估等情况，应当在第一次委托生产时建立，以后随时更新。

218. 对委托双方签订的委托生产合同有哪些要求？

《条例》规定，生产企业应当依照法律、法规、强制性国家标准、技术规范以及合同约定进行生产。委托生产合同是委托双方就委托事项和期限、委托相关要求等约定的协议。委托生产合同应明确委托双方的质量安全责任，以及委托双方在物料采购、进货查验、产品检验、贮存与运输、记录保存等产品质量安全相关环节的权利义务。委托方对受托生产企业应尽可能细化各项质量安全要求，以确保受托生产企业依照法律法规、强制性国家标准、技术规范以及化妆品注册、备案资料载明的技术要求组织生产化妆品。

需要注意的是，委托生产合同属于民事合同，合同中相关内容的约定不会免除双方依照法律法规应当履行的各项义务。

219. 委托方应当如何有效实施对受托生产企业生产活动的监督？

委托方应对受托生产企业整个生产活动全过程进行相应监督，确保物料和产品符合相应的质量标准，生产过程符合法规和标准、技术规范要求，实现对受托生产过程的有效管理和追溯。委托方可根据企业自身情况，采取有效监督措施，达到确保受托生产企业按照法定要求进行生产的目的。

对于分段委托生产的产品，例如委托两家受托生产企业分别从事半成品的配制与灌装，委托方对各环节受托生产企业的生产活动均应当进行监督。对仅从事半成品配制的企业，也应当按照《规范》的要求组织生产，出厂的产品标注的标签应当至少包括产品名称、企业名称、规格、贮存条件、使用期限等信息，留样应密封且能够保证产品质量稳定，并有符合要求的标签信息，保证可追溯。对仅从事填充或者灌装的企业，其外购（或使用）的半成品应当参照物料管理，同样应建立并执行物料审查、进货查验记录、物料放行管理等相关制度。

委托方对受托生产企业的遴选和管理应当是一项动态的工作。在对受托生产企业生产活动的监督过程中，如果发现受托生产的生产条件发生变化不再符合受托条件，或者生产能力无法保障质量要求或委托需求时，委托方应当及时停止委托，淘汰现有的受托生产企业，根据生产需要重新遴选并更换合适的受托生产企业。对受托生产企业生产条件、生产能力的评估应当按照制度规定开展，评估应有相应的记录。

220. 委托方应当建立并执行的质量管理制度应当至少包括哪些内容？

委托方应当建立并执行化妆品注册备案管理、从业人员健康管理、从业人员培训、质量管理体系自查、产品放行管理、产品留样管理、产品销售记录、产品贮存和运输管理、产品退货记录、产品质量投诉管理、产品召回管理等质量管理制度，建立并实施化妆品不良反应监测和评价体系。

除上述制度之外，委托方还应当根据委托生产实际，建立并执行其他相关制度。比如，委托方向受托生产企业提供物料的，委托方应当按照《规范》要求建立并执行物料供应商遴选、物料审查、物料进货查验记录和验收以及物料放行管理等相关制度。再如，委托方自己建有实验室，明确规定某些物料或产品需自行开展使用或上市前放行检验的，或者委托方有自己的检验管理要求，上市前委托第三方检验的，则相应需要建立并执行实验室管理制度、检验管理制度等。

221. 关于委托生产放行有哪些要求？

化妆品委托生产实行双放行制度，即受托生产企业的出厂放行和委托方的上市放行。

首先，受托生产企业完成产品出厂放行。出厂放行的基本要求在《规范》第四十五条已明确，企业应当建立并执行产品放行管理制度，确保产品经检验合格且相关生产和质量活动记录经审核批准后，方可出厂放行。

其次，委托方确保产品经检验合格，并且审核批准相关生产和质量活动记录后，履行上市放行程序后，产品方可正式上市销售。

222. 委托方应当如何建立并执行产品留样管理制度?

《化妆品生产经营监督管理办法》和《规范》规定,我国实行受托生产企业和委托生产的注册人、备案人双留样制度。

委托方应当建立并执行留样管理制度,留样管理制度一般包括留样数量、留样形式、留样期限、留样记录、留样地点和条件等 5 个方面的内容。前 4 项内容,《规范》对委托双方的要求是相同的。而在留样地点方面,委托方和受托生产企业的要求有所区别,委托方应在其住所或者主要经营场所留样,也可以在其住所或者主要经营场所所在地的其他经营场所留样,受托方应在生产地点留样。委托方在其住所或者主要经营场所所在地的其他经营场所留样的,委托方应当在首次留样之日起 20 个工作日内,向所在地负责药品监督管理的部门报告留样地址等信息。

223. 委托方能否委托生产企业代为留样?

按照《规范》要求,委托方不能委托生产企业代为留样。委托方应当自行留样,建立并执行留样管理制度,在其住所或者主要经营场所留样,也可以在其住所或者主要经营场所所在地的其他经营场所留样。留样地点不是委托方的住所或者主要经营场所的,委托方应当将留样地点的地址等信息在首次留样之日起 20 个工作日内,按规定向所在地负责药品监督管理的部门报告。

224. 关于委托方的记录管理应当符合哪些要求?

委托方的记录管理应当符合《规范》第十三条规定。凡是与《规范》有关的活动均应当形成记录。记录应当真实、完整、准确,清晰易辨,相互关联可追溯,不得随意更改,更正应留痕并签注更正人姓名及日期。

电子记录应满足《规范》附 1 的要求。记录应标示清晰，存放有序，便于查阅，并按照规定的保存期限保存。与产品追溯相关的记录，其保存期限不得少于产品使用期限届满后 1 年；产品使用期限不足 1 年的，记录保存期限不得少于 2 年。与产品追溯不相关的记录，其保存期限不得少于 2 年。记录保存期限另有规定的从其规定。

225. 受托生产企业的生产记录应当保存在何处？是否需要交委托方保存？

记录保存一般遵循"谁形成，谁保存"的原则，也就是说，记录应当由相关活动的实施者留存。因此，委托生产中在受托生产企业形成的与产品生产、检验相关的记录，原则上应当在受托生产企业处保存。委托方对受托方生产记录的真实性、完整性、安全性负有监督的责任。委托方对委托生产的质量管理和监督产生的各种记录，由委托方保存。

委托双方在委托合同中也可对相关记录的保存地点进行约定并按照约定执行。

226. 化妆品销售公司是否可委托生产化妆品，并在产品外包装上标注委托方为该销售公司？

化妆品委托生产的主体必须是化妆品的注册人或备案人，若销售公司非化妆品实际注册人或备案人，就不具备委托生产的资格。

化妆品注册人、备案人、受托生产企业都是法律明确规定的化妆品质量安全的责任主体。除此以外，其他与产品生产者相关的概念、用语或表述，例如"监制人""出品人""品牌授权人"等，因无法限定其法律定义，而且本身含义也容易产生疑义，甚至导致消费者对产品生产者和责任主体产生误解，属于"虚假或者引人误解的内容"，所以，不得在产品标签上进行标注。

227. 受托生产企业产能不足，可否委托具有化妆品生产资质的其他公司协助其进行部分生产活动？

为了切实保证化妆品的质量安全，不允许由受托生产企业转委托其他企业生产。如果受托生产企业产能不足不能满足委托方生产要求，可以由化妆品注册人或备案人另行委托其他具有生产资质和能力的公司生产。

228. 委托生产的，委托方如何对生产过程进行监督？

委托方应当建立对受托生产企业生产活动进行监督管理的制度，明确监督管理的内容、方式、频次、发现问题的处理方法等。并按照监督管理制度规定，对受托生产企业各环节的生产活动进行监督，确保受托生产企业按照法律法规，包括本《规范》的规定和委托协议的质量要求进行生产，并形成监督记录。

229. 受托生产企业尚未完成产品的微生物检验，可否先将产品发到委托方仓库，待微生物检验合格后再上市销售？

除染烫类、指甲油卸除液及乙醇含量≥75%（W/W）等产品不需要检测微生物项目外，对大多数化妆品来说，微生物检验项目如菌落总数、霉菌酵母菌总数都属于产品的出厂必检项目，应确保产品经检验合格且相关生产和质量活动记录经审核批准后，方可放行出厂。

任何出厂检验项目，包括理化指标、微生物指标等，尚未完成实验就出具检验合格报告，并提前放行出厂的做法都是不合规的。

第八章 产品销售管理

230. 化妆品销售记录应当包括哪些内容？

化妆品注册人、备案人、受托生产企业应当建立并执行产品销售记录制度。商场、超市等化妆品经营者不强制建立并执行产品销售记录制度，但应当采取有效措施确保产品可追溯。如化妆品经营者的销售对象为其他化妆品经营者，鼓励其建立并执行产品销售记录制度。

产品销售记录应当至少包括产品名称、特殊化妆品注册证编号或者普通化妆品备案编号、使用期限、净含量、数量、销售日期、价格，以及购买者名称、地址和联系方式等内容。

231. 为什么销售记录中必须注明特殊化妆品的注册证编号或者普通化妆品的备案编号？

许多企业人员认为销售记录只要注明产品名称就可以了，注明注册证号或备案号没必要。其实这种认识是片面的。

产品销售记录应当在注明产品名称的同时注明特殊化妆品注册证编号或者普通化妆品备案编号是为了满足产品追溯性的要求。化妆品的名称可能很复杂很难识别，也可能存在不同注册人、备案人，甚至同注册人、备案人的近名异品，甚至同名异品的情况，因此单靠产品名称来识别产品，在产品发生质量安全问题需要停售或召回等措施时就可能误判。因为每种注册或备案化妆品的注册证号或备案号是唯一的（相当于其身份证号），因此识别产品身份的最简单和有效的方法就是通过其注册编号或者备案编号。

实际上有些企业不愿意标注其产品的注册证编号或者备案编号，就是为了在其产品在市场上发生质量安全问题时，好鱼目混珠，逃避应承担的义务和法律责任。

232. 化妆品出厂后在运输、贮存过程中应当注意什么？

化妆品注册人、备案人、受托生产企业应当建立并执行产品贮存和运输管理制度。依照有关法律法规的规定和产品标签标示的要求贮存、运输产品，定期检查并且及时处理变质或者超过使用期限等质量异常的产品。

233. 企业在接到产品退货或投诉后应当如何处理？

退货及投诉是消费者维权的重要渠道，化妆品注册人、备案人以及受托生产企业应当建立完善的退货及投诉处理制度，收集退货及投诉相关信息，做好记录并调查原因，采取必要的措施防止问题重复发生。

退货记录内容应当包括退货单位、产品名称、净含量、使用期限、数量、退货原因以及处理结果等。

234. 对化妆品注册人、备案人开展的不良反应监测有何要求？

对化妆品注册人、备案人开展的不良反应监测有如下要求。

（1）建立并实施化妆品不良反应监测和评价体系，配备与其产品相适应的机构和人员履行不良反应的监测义务。

（2）主动收集并按照《化妆品不良反应监测管理办法》的规定向化妆品不良反应监测机构报告化妆品不良反应。化妆品注册人、备案人应当通过产品标签、官方网站等方便消费者获知的方式向社会公布电话、电子邮箱等有效联系方式，主动收集受托生产企业、化妆品经营者、医疗机构、消费者等报告的其上市销售化妆品的不良反应。化妆品注册人、备案人在发现或者获知化妆品不良反应后应当通过国家化妆品不良反应监测信息系统报告。

（3）对发现或者获知的化妆品不良反应及时进行分析评价，必要时自查产品原料、配方、生产工艺、生产质量管理、贮存运输等方面可能引发不良反应的原因，根据评价结果采取措施控制风险。

（4）配合化妆品不良反应监测机构、负责药品监督管理的部门开展化妆品不良反应调查。化妆品注册人、备案人应真实、完整、准确地报告化妆品不良反应的内容。

（5）化妆品注册人、备案人要真实地记录与不良反应监测有关的活动并形成监测记录，记录保存期限不得少于报告之日起3年。

235. 化妆品生产经营者对化妆品不良反应调查有什么义务？

化妆品生产经营者对化妆品不良反应调查有配合的义务。化妆品不良反应监测机构在必要情况下，可以对化妆品生产经营者报告的化妆品不良反应的真实性、完整性、准确性以及损害后果与产品的关联性进行现场核实、调查。监管部门则会根据监测信息对化妆品不良反应报告所涉及产品的生产经营者开展调查。这是控制产品可能存在的危害不进一步扩大的必要步骤。对上述核实、调查行为，生产经营者应该积极配合，如实提供有关数据和材料，不得拒绝或者隐瞒有关情况。生产经营者不履行配合义务的，将按照《条例》第六十二条的规定予以处罚。

236. 由谁实施化妆品的召回？在什么情况下实施召回？

化妆品注册人、备案人是实施化妆品召回的主体。同时根据《条例》第二十三条，境外化妆品注册人、备案人应当指定我国境内的企业法人实施产品召回。

《条例》第四十四条规定："化妆品注册人、备案人发现化妆品存在质量缺陷或者其他问题，可能危害人体健康的，应当立即停止生产，召回已经上市销售的化妆品。"存在质量缺陷或者其他问题，可能危害人体健康的产品一般包括三种情形：①正常使用情况下存在可能危害人体健康风险的产品，比如产品使用时产生严重过敏反应；②不符合强制性国家标准、技术规范或者不符合化妆品注册、备案资料载明的技术要求的产品，比如微生物指标超标；③不符合化妆品生产经营质量管理有关规定，可能存在安全风险的产品，比如没有按期监控生产用水、厂房环境等。

237. 主动召回与责令召回有什么不同？

根据化妆品召回的启动情况不同，分为主动召回和责令召回。

主动召回是指化妆品注册人、备案人评估有关法定要求或者根据产品不良反应事件等信息对其化妆品进行质量评估，发现化妆品存在质量缺陷或者其他问题，可能危害人体健康，主动实施召回。主动召回是化妆品注册人、备案人的法定义务。

责令召回是指负责药品监督管理的部门在监督检查中发现化妆品存在质量缺陷或者其他问题，可能危害人体健康的情况，但是化妆品注册人、备案人未主动召回的，责令化妆品注册人、备案人实施召回的情形。

238. 化妆品注册人、备案人在召回过程中的责任有哪些？已召回的化妆品如何处理？

化妆品注册人、备案人对化妆品的质量安全承担主体责任，因此化妆品注册人、备案人应当建立并执行化妆品召回管理制度。注册人、备案人应当建立化妆品不良反应监测和评价制度，通过该制度发现化妆品存在质量缺陷或者其他问题，可能危害人体健康的，应当立即停止生产，召回已经上市销售的化妆品，通知相关化妆品经营者和消费者停止经营、使用，并记录召回和通知情况。

化妆品注册人、备案人应当对召回的化妆品采取补救、无害化处理、销毁等措施，并将化妆品召回和处理情况向所在地省、自治区、直辖市药品监督管理部门报告。

239. 化妆品受托生产、经营企业在召回过程中的责任有哪些？

受托生产企业、化妆品经营者承担协助召回产品义务。化妆品生产经营者应当建立化妆品生产记录、进货及销售台账，当发现其生产、经营的化妆品存在质量缺陷或者其他可能危害人体健康的问题时，应立刻停止生产、经营，并通知相关化妆品注册人、备案人，积极协助化妆品注册人、备案人对缺陷产品进行调查评估，主动配合化妆品注册人、备案人实施召回，按照召回计划及时传达，反馈化妆品召回信息，控制和收回缺陷产品。

240. 药品监管部门在召回过程中的责任有哪些？

药品监管部门在产品召回方面承担监管职责。药品监管部门应该加强化妆品召回信息的管理，收集、分析与处理有关化妆品安全危害和化妆品召回信息，进行化妆品安全危害调查和化妆品安全评估。发现产品应该召回的，监管部门应当及时通知化妆品注册人、备案人实施召回，通知受托生产企业和化妆品经营者停止生产经营；对未按照规定实施召回或者停止生产、经营的，药品监管部门应当责令其实施召回或者停止生产经营。

▍参考文献 ▍

[1] 国务院 . 化妆品监督管理条例 [EB/OL]. (2020-06-29)[2023-02-10].http://www.gov.cn/zhengce/content/2020-06/29/content_5522593.htm.

[2] 国家市场监督管理总局 . 化妆品注册备案管理办法 [EB/OL]. (2021-01-12)[2023-08-02]. https://www.samr.gov.cn/zw/zfxxgk/fdzdgknr/fgs/art/2023/art_5a6fb0527df94edfa7bbc8911bb5ac40.html.

[3] 国家市场监督管理总局 . 化妆品生产经营监督管理办法 [EB/OL].(2021-08-06)[2023-02-10]. https://www.samr.gov.cn/zw/zfxxgk/fdzdgknr/fgs/art/2023/art_bb0c54e8c2374a5a9b4b0c8ddaf04e13.html.

[4] 国家药品监督管理局 . 国家药监局关于发布《化妆品生产质量管理规范》的公告 [EB/OL]. (2022-01-07)[2023-02-10]. https://www.nmpa.gov.cn/hzhp/hzhpfgwj/hzhpgzwj/20220107101645162.html.

[5] 国家药品监督管理局 . 国家药监局关于发布《化妆品生产质量管理规范检查要点及判定原则》的公告 [EB/OL]. (2022-10-25) [2023-05-10]. https://www.nmpa.gov.cn/xxgk/ggtg/qtggtg/jmhzhptg/20221025104946190.html.

[6] 国家药品监督管理局 . 国家药监局关于发布《企业落实化妆品质量安全主体责任监督管理规定》的公告 [EB/OL]. (2022-12-29) [2023-04-01]. https://www.nmpa.gov.cn/xxgk/ggtg/qtggtg/jmhzhptg/20221229195623179.html.

[7] 田少雷 . 化妆品生产质量管理规范实施检查指南：第一册 [M]. 北京：中国医药科技出版社，2023.

[8] 田少雷 . 化妆品生产质量管理规范实施检查指南：第二册 [M]. 北京：中国医药科技出版社，2023.

[9] 田少雷，陈晰，田青亚 .《化妆品生产质量管理规范》的实施意义、特点及重点内容简析 [J]. 中国食品药品监管，2022(12):58-65.

[10] 田少雷，刘恕，贾娜，等．对化妆品生产质量管理体系中物料管理的探讨 [J]．中国食品药品监管，2022(12):66-73.

[11] 中华人民共和国国家质量监督检验检疫总局，中国国家标准化管理委员会．质量管理体系 基础和术语 [S]．北京：中国标准出版社，2017.

[12] 中华人民共和国国家质量监督检验检疫总局，中国国家标准化管理委员会．质量管理体系 要求 [S]．北京：中国标准出版社，2016.

[13] 国家药典委员会．中华人民共和国药典：2020 年版 [M]．北京：中国医药科技出版社，2020.

[14] 国家食品药品监督管理局药品认证管理中心．药品 GMP 指南 [M]．北京：中国医药科技出版社，2011.

[15] International Organization for Standardization. ISO 22716: 2007 Cosmetics—Good Manufacturing Practices (GMP)—Guidelines on Good Manufacturing Practices [S/OL]. [2023-02-23]. https://www.iso.org/standard/36437.html.

化妆品生产质量管理规范

（国家药品监督管理局 2022 年 2 月 7 日发布）

第一章 总 则

第一条 为规范化妆品生产质量管理，根据《化妆品监督管理条例》《化妆品生产经营监督管理办法》等法规、规章，制定本规范。

第二条 本规范是化妆品生产质量管理的基本要求，化妆品注册人、备案人、受托生产企业应当遵守本规范。

第三条 化妆品注册人、备案人、受托生产企业应当诚信自律，按照本规范的要求建立生产质量管理体系，实现对化妆品物料采购、生产、检验、贮存、销售和召回等全过程的控制和追溯，确保持续稳定地生产出符合质量安全要求的化妆品。

第二章 机构与人员

第四条 从事化妆品生产活动的化妆品注册人、备案人、受托生产企业（以下统称"企业"）应当建立与生产的化妆品品种、数量和生产许可项目等相适应的组织机构，明确质量管理、生产等部门的职责和权限，配备与生产的化妆品品种、数量和生产许可项目等相适应的技术人员和检验人员。

企业的质量管理部门应当独立设置，履行质量保证和控制职责，参与所有与质量管理有关的活动。

第五条 企业应当建立化妆品质量安全责任制，明确企业法定代表人（或者主要负责人，下同）、质量安全负责人、质量管理部门负责人、生产部门负责人以及其他化妆品质量安全相关岗位的职责，各岗位人员应当按照岗位职责要求，逐级履行相应的化妆品质量安全责任。

第六条 法定代表人对化妆品质量安全工作全面负责，应当负责提供必要的资源，合理制定并组织实施质量方针，确保实现质量目标。

第七条 企业应当设质量安全负责人，质量安全负责人应当具备化妆品、化学、化工、生物、医学、药学、食品、公共卫生或者法学等化妆品质量安全相关专业知识，熟悉相关法律法规、强制性国家标准、技术规范，并具有 5 年以上化妆品生产或者质量管理经验。

质量安全负责人应当协助法定代表人承担下列相应的产品质量安全管理和产品放行职责：

（一）建立并组织实施本企业质量管理体系，落实质量安全管理责任，定期向法定代表人报告质量管理体系运行情况；

（二）产品质量安全问题的决策及有关文件的签发；

（三）产品安全评估报告、配方、生产工艺、物料供应商、产品标签等的审核管理，以及化妆品注册、备案资料的审核（受托生产企业除外）；

（四）物料放行管理和产品放行；

（五）化妆品不良反应监测管理。

质量安全负责人应当独立履行职责，不受企业其他人员的干扰。根据企业质量管理体系运行需要，经法定代表人书面同意，质量安全负责人可以指定本企业的其他人员协助履行上述职责中除（一）（二）外的其他职责。被指定人员应当具备相应资质和履职能力，且其协助履行上述职责的时间、具体事项等应当如实记录，确保协助履行职责行为可追溯。质量安全负责人应当对协助履行职责情况进行监督，且其应当承担的法律责任并不转移给被指定人员。

第八条　质量管理部门负责人应当具备化妆品、化学、化工、生物、医学、药学、食品、公共卫生或者法学等化妆品质量安全相关专业知识，熟悉相关法律法规、强制性国家标准、技术规范，并具有化妆品生产或者质量管理经验。质量管理部门负责人应当承担下列职责：

（一）所有产品质量有关文件的审核；

（二）组织与产品质量相关的变更、自查、不合格品管理、不良反应监测、召回等活动；

（三）保证质量标准、检验方法和其他质量管理规程有效实施；

（四）保证完成必要的验证工作，审核和批准验证方案和报告；

（五）承担物料和产品的放行审核工作；

（六）评价物料供应商；

（七）制定并实施生产质量管理相关的培训计划，保证员工经过与其岗位要求相适应的培训，并达到岗位职责的要求；

（八）负责其他与产品质量有关的活动。

质量安全负责人、质量管理部门负责人不得兼任生产部门负责人。

第九条　生产部门负责人应当具备化妆品、化学、化工、生物、医学、药学、食品、公共卫生或者法学等化妆品质量安全相关专业知识，熟悉相关法律法规、强制性国家标准、技术规范，并具有化妆品生产或者质量管理经验。生产部门负责人应当承担下列职责：

（一）保证产品按照化妆品注册、备案资料载明的技术要求以及企业制定的生产工艺规程和岗位操作规程生产；

（二）保证生产记录真实、完整、准确、可追溯；

（三）保证生产环境、设施设备满足生产质量需要；

（四）保证直接从事生产活动的员工经过培训，具备与其岗位要求相适应的知识和技能；

（五）负责其他与产品生产有关的活动。

第十条　企业应当制定并实施从业人员入职培训和年度培训计划，

确保员工熟悉岗位职责，具备履行岗位职责的法律知识、专业知识以及操作技能，考核合格后方可上岗。

企业应当建立员工培训档案，包括培训人员、时间、内容、方式及考核情况等。

第十一条 企业应当建立并执行从业人员健康管理制度。直接从事化妆品生产活动的人员应当在上岗前接受健康检查，上岗后每年接受健康检查。患有国务院卫生主管部门规定的有碍化妆品质量安全疾病的人员不得直接从事化妆品生产活动。企业应当建立从业人员健康档案，至少保存 3 年。

企业应当建立并执行进入生产车间卫生管理制度、外来人员管理制度，不得在生产车间、实验室内开展对产品质量安全有不利影响的活动。

第三章　质量保证与控制

第十二条 企业应当建立健全化妆品生产质量管理体系文件，包括质量方针、质量目标、质量管理制度、质量标准、产品配方、生产工艺规程、操作规程，以及法律法规要求的其他文件。

企业应当建立并执行文件管理制度，保证化妆品生产质量管理体系文件的制定、审核、批准、发放、销毁等得到有效控制。

第十三条 与本规范有关的活动均应当形成记录。

企业应当建立并执行记录管理制度。记录应当真实、完整、准确、清晰易辨，相互关联可追溯，不得随意更改，更正应当留痕并签注更正人姓名及日期。

采用计算机（电子化）系统生成、保存记录或者数据的，应当符合本规范附 1 的要求。

记录应当标示清晰，存放有序，便于查阅。与产品追溯相关的记录，其保存期限不得少于产品使用期限届满后 1 年；产品使用期限不足 1 年的，记录保存期限不得少于 2 年。与产品追溯不相关的记录，其保存期限不得少于 2 年。记录保存期限另有规定的从其规定。

第十四条　企业应当建立并执行追溯管理制度，对原料、内包材、半成品、成品制定明确的批号管理规则，与每批产品生产相关的所有记录应当相互关联，保证物料采购、产品生产、质量控制、贮存、销售和召回等全部活动可追溯。

第十五条　企业应当建立并执行质量管理体系自查制度，包括自查时间、自查依据、相关部门和人员职责、自查程序、结果评估等内容。

自查实施前应当制定自查方案，自查完成后应当形成自查报告。自查报告应当包括发现的问题、产品质量安全评价、整改措施等。自查报告应当经质量安全负责人批准，报告法定代表人，并反馈企业相关部门。企业应当对整改情况进行跟踪评价。

企业应当每年对化妆品生产质量管理规范的执行情况进行自查。出现连续停产 1 年以上，重新生产前应当进行自查，确认是否符合本规范要求；化妆品抽样检验结果不合格的，应当按规定及时开展自查并进行整改。

第十六条　企业应当建立并执行检验管理制度，制定原料、内包材、半成品以及成品的质量控制要求，采用检验方式作为质量控制措施的，检验项目、检验方法和检验频次应当与化妆品注册、备案资料载明的技术要求一致。

企业应当明确检验或者确认方法、取样要求、样品管理要求、检验操作规程、检验过程管理要求以及检验异常结果处理要求等，检验或者确认的结果应当真实、完整、准确。

第十七条　企业应当建立与生产的化妆品品种、数量和生产许可项目等相适应的实验室，至少具备菌落总数、霉菌和酵母菌总数等微生物检验项目的检验能力，并保证检测环境、检验人员以及检验设施、设备、仪器和试剂、培养基、标准品等满足检验需要。重金属、致病菌和产品执行的标准中规定的其他安全性风险物质，可以委托取得资质认定的检验检测机构进行检验。

企业应当建立并执行实验室管理制度，保证实验设备仪器正常运行，对实验室使用的试剂、培养基、标准品的配制、使用、报废和有效期实施管理，保证检验结果真实、完整、准确。

第十八条 企业应当建立并执行留样管理制度。每批出厂的产品均应当留样，留样数量至少达到出厂检验需求量的 2 倍，并应当满足产品质量检验的要求。

出厂的产品为成品的，留样应当保持原始销售包装。销售包装为套盒形式，该销售包装内含有多个化妆品且全部为最小销售单元的，如果已经对包装内的最小销售单元留样，可以不对该销售包装产品整体留样，但应当留存能够满足质量追溯需求的套盒外包装。

出厂的产品为半成品的，留样应当密封且能够保证产品质量稳定，并有符合要求的标签信息，保证可追溯。

企业应当依照相关法律法规的规定和标签标示的要求贮存留样的产品，并保存留样记录。留样保存期限不得少于产品使用期限届满后 6 个月。发现留样的产品在使用期限内变质的，企业应当及时分析原因，并依法召回已上市销售的该批次化妆品，主动消除安全风险。

第四章　厂房设施与设备管理

第十九条 企业应当具备与生产的化妆品品种、数量和生产许可项目等相适应的生产场地和设施设备。生产场地选址应当不受有毒、有害场所以及其他污染源的影响，建筑结构、生产车间和设施设备应当便于清洁、操作和维护。

第二十条 企业应当按照生产工艺流程及环境控制要求设置生产车间，不得擅自改变生产车间的功能区域划分。生产车间不得有污染源，物料、产品和人员流向应当合理，避免产生污染与交叉污染。

生产车间更衣室应当配备衣柜、鞋柜，洁净区、准洁净区应当配备非手接触式洗手及消毒设施。企业应当根据生产环境控制需要设置二次更衣室。

第二十一条　企业应当按照产品工艺环境要求，在生产车间内划分洁净区、准洁净区、一般生产区，生产车间环境指标应当符合本规范附2的要求。不同洁净级别的区域应当物理隔离，并根据工艺质量保证要求，保持相应的压差。

生产车间应当保持良好的通风和适宜的温度、湿度。根据生产工艺需要，洁净区应当采取净化和消毒措施，准洁净区应当采取消毒措施。企业应当制定洁净区和准洁净区环境监控计划，定期进行监控，每年按照化妆品生产车间环境要求对生产车间进行检测。

第二十二条　生产车间应当配备防止蚊蝇、昆虫、鼠和其他动物进入、孳生的设施，并有效监控。物料、产品等贮存区域应当配备合适的照明、通风、防鼠、防虫、防尘、防潮等设施，并依照物料和产品的特性配备温度、湿度调节及监控设施。

生产车间等场所不得贮存、生产对化妆品质量安全有不利影响的物料、产品或者其他物品。

第二十三条　易产生粉尘、不易清洁等的生产工序，应当在单独的生产操作区域完成，使用专用的生产设备，并采取相应的清洁措施，防止交叉污染。

易产生粉尘和使用挥发性物质生产工序的操作区域应当配备有效的除尘或者排风设施。

第二十四条　企业应当配备与生产的化妆品品种、数量、生产许可项目、生产工艺流程相适应的设备，与产品质量安全相关的设备应当设置唯一编号。管道的设计、安装应当避免死角、盲管或者受到污染，固定管道上应当清晰标示内容物的名称或者管道用途，并注明流向。

所有与原料、内包材、产品接触的设备、器具、管道等的材质应当满足使用要求，不得影响产品质量安全。

第二十五条 企业应当建立并执行生产设备管理制度，包括生产设备的采购、安装、确认、使用、维护保养、清洁等要求，对关键衡器、量具、仪表和仪器定期进行检定或者校准。

企业应当建立并执行主要生产设备使用规程。设备状态标识、清洁消毒标识应当清晰。

企业应当建立并执行生产设备、管道、容器、器具的清洁消毒操作规程。所选用的润滑剂、清洁剂、消毒剂不得对物料、产品或者设备、器具造成污染或者腐蚀。

第二十六条 企业制水、水贮存及输送系统的设计、安装、运行、维护应当确保工艺用水达到质量标准要求。

企业应当建立并执行水处理系统定期清洁、消毒、监测、维护制度。

第二十七条 企业空气净化系统的设计、安装、运行、维护应当确保生产车间达到环境要求。

企业应当建立并执行空气净化系统定期清洁、消毒、监测、维护制度。

第五章　物料与产品管理

第二十八条 企业应当建立并执行物料供应商遴选制度，对物料供应商进行审核和评价。企业应当与物料供应商签订采购合同，并在合同中明确物料验收标准和双方质量责任。

企业应当根据审核评价的结果建立合格物料供应商名录，明确关键原料供应商，并对关键原料供应商进行重点审核，必要时应当进行现场审核。

第二十九条 企业应当建立并执行物料审查制度，建立原料、外购的半成品以及内包材清单，明确原料、外购的半成品成分，留存必要的原料、外购的半成品、内包材质量安全相关信息。

企业应当在物料采购前对原料、外购的半成品、内包材实施审查，不得使用禁用原料、未经注册或者备案的新原料，不得超出使用范围、限制条件使用限用原料，确保原料、外购的半成品、内包材符合法律法规、强制性国家标准、技术规范的要求。

第三十条 企业应当建立并执行物料进货查验记录制度，建立并执行物料验收规程，明确物料验收标准和验收方法。企业应当按照物料验收规程对到货物料检验或者确认，确保实际交付的物料与采购合同、送货票证一致，并达到物料质量要求。

企业应当对关键原料留样，并保存留样记录。留样的原料应当有标签，至少包括原料中文名称或者原料代码、生产企业名称、原料规格、贮存条件、使用期限等信息，保证可追溯。留样数量应当满足原料质量检验的要求。

第三十一条 物料和产品应当按规定的条件贮存，确保质量稳定。物料应当分类按批摆放，并明确标示。

物料名称用代码标示的，应当制定代码对照表，原料代码应当明确对应的原料标准中文名称。

第三十二条 企业应当建立并执行物料放行管理制度，确保物料放行后方可用于生产。

企业应当建立并执行不合格物料处理规程。超过使用期限的物料应当按照不合格品管理。

第三十三条 企业生产用水的水质和水量应当满足生产要求，水质至少达到生活饮用水卫生标准要求。生产用水为小型集中式供水或者分散式供水的，应当由取得资质认定的检验检测机构对生产用水进行检测，每年至少一次。

企业应当建立并执行工艺用水质量标准、工艺用水管理规程，对工艺用水水质定期监测，确保符合生产质量要求。

第三十四条 产品应当符合相关法律法规、强制性国家标准、技术规范和化妆品注册、备案资料载明的技术要求。

企业应当建立并执行标签管理制度，对产品标签进行审核确认，确保产品的标签符合相关法律法规、强制性国家标准、技术规范的要求。内包材上标注标签的生产工序应当在完成最后一道接触化妆品内容物生产工序的生产企业内完成。

产品销售包装上标注的使用期限不得擅自更改。

第六章　生产过程管理

第三十五条　企业应当建立并执行与生产的化妆品品种、数量和生产许可项目等相适应的生产管理制度。

第三十六条　企业应当按照化妆品注册、备案资料载明的技术要求建立并执行产品生产工艺规程和岗位操作规程，确保按照化妆品注册、备案资料载明的技术要求生产产品。企业应当明确生产工艺参数及工艺过程的关键控制点，主要生产工艺应当经过验证，确保能够持续稳定地生产出合格的产品。

第三十七条　企业应当根据生产计划下达生产指令。生产指令应当包括产品名称、生产批号（或者与生产批号可关联的唯一标识符号）、产品配方、生产总量、生产时间等内容。

生产部门应当根据生产指令进行生产。领料人应当核对所领用物料的包装、标签信息等，填写领料单据。

第三十八条　企业应当在生产开始前对生产车间、设备、器具和物料进行确认，确保其符合生产要求。

企业在使用内包材前，应当按照清洁消毒操作规程进行清洁消毒，或者对其卫生符合性进行确认。

第三十九条　企业应当对生产过程使用的物料以及半成品全程清晰标识，标明名称或者代码、生产日期或者批号、数量，并可追溯。

第四十条　企业应当对生产过程按照生产工艺规程和岗位操作规程进行控制，应当真实、完整、准确地填写生产记录。

生产记录应当至少包括生产指令、领料、称量、配制、填充或者灌装、包装、产品检验以及放行等内容。

第四十一条　企业应当在生产后检查物料平衡，确认物料平衡符合生产工艺规程设定的限度范围。超出限度范围时，应当查明原因，确认无潜在质量风险后，方可进入下一工序。

第四十二条　企业应当在生产后及时清场，对生产车间和生产设备、管道、容器、器具等按照操作规程进行清洁消毒并记录。清洁消毒完成后，应当清晰标识，并按照规定注明有效期限。

第四十三条　企业应当将生产结存物料及时退回仓库。退仓物料应当密封并做好标识，必要时重新包装。仓库管理人员应当按照退料单据核对退仓物料的名称或者代码、生产日期或者批号、数量等。

第四十四条　企业应当建立并执行不合格品管理制度，及时分析不合格原因。企业应当编制返工控制文件，不合格品经评估确认能够返工的，方可返工。不合格品的销毁、返工等处理措施应当经质量管理部门批准并记录。

企业应当对半成品的使用期限做出规定，超过使用期限未填充或者灌装的，应当及时按照不合格品处理。

第四十五条　企业应当建立并执行产品放行管理制度，确保产品经检验合格且相关生产和质量活动记录经审核批准后，方可放行。

上市销售的化妆品应当附有出厂检验报告或者合格标记等形式的产品质量检验合格证明。

第七章　委托生产管理

第四十六条　委托生产的化妆品注册人、备案人（以下简称"委托方"）应当按照本规范的规定建立相应的质量管理体系，并对受托生产企业的生产活动进行监督。

第四十七条 委托方应当建立与所注册或者备案的化妆品和委托生产需要相适应的组织机构，明确注册备案管理、生产质量管理、产品销售管理等关键环节的负责部门和职责，配备相应的管理人员。

第四十八条 化妆品委托生产的，委托方应当是所生产化妆品的注册人或者备案人。受托生产企业应当是持有有效化妆品生产许可证的企业，并在其生产许可范围内接受委托。

第四十九条 委托方应当建立化妆品质量安全责任制，明确委托方法定代表人、质量安全负责人以及其他化妆品质量安全相关岗位的职责，各岗位人员应当按照岗位职责要求，逐级履行相应的化妆品质量安全责任。

第五十条 委托方应当按照本规范第七条第一款规定设质量安全负责人。

质量安全负责人应当协助委托方法定代表人承担下列相应的产品质量安全管理和产品放行职责：

（一）建立并组织实施本企业质量管理体系，落实质量安全管理责任，定期向法定代表人报告质量管理体系运行情况；

（二）产品质量安全问题的决策及有关文件的签发；

（三）审核化妆品注册、备案资料；

（四）委托方采购、提供物料的，物料供应商、物料放行的审核管理；

（五）产品的上市放行；

（六）受托生产企业遴选和生产活动的监督管理；

（七）化妆品不良反应监测管理。

质量安全负责人应当遵守第七条第三款的有关规定。

第五十一条 委托方应当建立受托生产企业遴选标准，在委托生产前，对受托生产企业资质进行审核，考察评估其生产质量管理体系运行状况和生产能力，确保受托生产企业取得相应的化妆品生产许可且具备相应的产品生产能力。

委托方应当建立受托生产企业名录和管理档案。

第五十二条 委托方应当与受托生产企业签订委托生产合同，明确委托事项、委托期限、委托双方的质量安全责任，确保受托生产企业依照法律法规、强制性国家标准、技术规范以及化妆品注册、备案资料载明的技术要求组织生产。

第五十三条 委托方应当建立并执行受托生产企业生产活动监督制度，对各环节受托生产企业的生产活动进行监督，确保受托生产企业按照法定要求进行生产。

委托方应当建立并执行受托生产企业更换制度，发现受托生产企业的生产条件、生产能力发生变化，不再满足委托生产需要的，应当及时停止委托，根据生产需要更换受托生产企业。

第五十四条 委托方应当建立并执行化妆品注册备案管理、从业人员健康管理、从业人员培训、质量管理体系自查、产品放行管理、产品留样管理、产品销售记录、产品贮存和运输管理、产品退货记录、产品质量投诉管理、产品召回管理等质量管理制度，建立并实施化妆品不良反应监测和评价体系。

委托方向受托生产企业提供物料的，委托方应当按照本规范要求建立并执行物料供应商遴选、物料审查、物料进货查验记录和验收以及物料放行管理等相关制度。

委托方应当根据委托生产实际，按照本规范建立并执行其他相关质量管理制度。

第五十五条 委托方应当建立并执行产品放行管理制度，在受托生产企业完成产品出厂放行的基础上，确保产品经检验合格且相关生产和质量活动记录经审核批准后，方可上市放行。

上市销售的化妆品应当附有出厂检验报告或者合格标记等形式的产品质量检验合格证明。

第五十六条 委托方应当建立并执行留样管理制度，在其住所或者主要经营场所留样；也可以在其住所或者主要经营场所所在地的其他经营场所留样。留样应当符合本规范第十八条的规定。

留样地点不是委托方的住所或者主要经营场所的，委托方应当将留样地点的地址等信息在首次留样之日起 20 个工作日内，按规定向所在地负责药品监督管理的部门报告。

第五十七条 委托方应当建立并执行记录管理制度，保存与本规范有关活动的记录。记录应当符合本规范第十三条的相关要求。

执行生产质量管理规范的相关记录由受托生产企业保存的，委托方应当监督其保存相关记录。

第八章 产品销售管理

第五十八条 化妆品注册人、备案人、受托生产企业应当建立并执行产品销售记录制度，并确保所销售产品的出货单据、销售记录与货品实物一致。

产品销售记录应当至少包括产品名称、特殊化妆品注册证编号或者普通化妆品备案编号、使用期限、净含量、数量、销售日期、价格，以及购买者名称、地址和联系方式等内容。

第五十九条 化妆品注册人、备案人、受托生产企业应当建立并执行产品贮存和运输管理制度。依照有关法律法规的规定和产品标签标示的要求贮存、运输产品，定期检查并且及时处理变质或者超过使用期限等质量异常的产品。

第六十条 化妆品注册人、备案人、受托生产企业应当建立并执行退货记录制度。

退货记录内容应当包括退货单位、产品名称、净含量、使用期限、数量、退货原因以及处理结果等内容。

第六十一条　化妆品注册人、备案人、受托生产企业应当建立并执行产品质量投诉管理制度，指定人员负责处理产品质量投诉并记录。质量管理部门应当对投诉内容进行分析评估，并提升产品质量。

第六十二条　化妆品注册人、备案人应当建立并实施化妆品不良反应监测和评价体系。受托生产企业应当建立并执行化妆品不良反应监测制度。

化妆品注册人、备案人、受托生产企业应当配备与其生产化妆品品种、数量相适应的机构和人员，按规定开展不良反应监测工作，并形成监测记录。

第六十三条　化妆品注册人、备案人应当建立并执行产品召回管理制度，依法实施召回工作。发现产品存在质量缺陷或者其他问题，可能危害人体健康的，应当立即停止生产，召回已经上市销售的产品，通知相关化妆品经营者和消费者停止经营、使用，记录召回和通知情况。对召回的产品，应当清晰标识、单独存放，并视情况采取补救、无害化处理、销毁等措施。因产品质量问题实施的化妆品召回和处理情况，化妆品注册人、备案人应当及时向所在地省、自治区、直辖市药品监督管理部门报告。

受托生产企业应当建立并执行产品配合召回制度。发现其生产的产品有第一款规定情形的，应当立即停止生产，并通知相关化妆品注册人、备案人。化妆品注册人、备案人实施召回的，受托生产企业应当予以配合。

召回记录内容应当至少包括产品名称、净含量、使用期限、召回数量、实际召回数量、召回原因、召回时间、处理结果、向监管部门报告情况等。

第九章 附 则

第六十四条 本规范有关用语含义如下:

批:在同一生产周期、同一工艺过程内生产的,质量具有均一性的一定数量的化妆品。

批号:用于识别一批产品的唯一标识符号,可以是一组数字或者数字和字母的任意组合,用以追溯和审查该批化妆品的生产历史。

半成品:是指除填充或者灌装工序外,已完成其他全部生产加工工序的产品。

物料:生产中使用的原料和包装材料。外购的半成品应当参照物料管理。

成品:完成全部生产工序、附有标签的产品。

产品:生产的化妆品半成品和成品。

工艺用水:生产中用来制造、加工产品以及与制造、加工工艺过程有关的用水。

内包材:直接接触化妆品内容物的包装材料。

生产车间:从事化妆品生产、贮存的区域,按照产品工艺环境要求,可以划分为洁净区、准洁净区和一般生产区。

洁净区:需要对环境中尘粒及微生物数量进行控制的区域(房间),其建筑结构、装备及使用应当能够减少该区域内污染物的引入、产生和滞留。

准洁净区:需要对环境中微生物数量进行控制的区域(房间),其建筑结构、装备及使用应当能够减少该区域内污染物的引入、产生和滞留。

一般生产区:生产工序中不接触化妆品内容物、清洁内包材,不对微生物数量进行控制的生产区域。

物料平衡:产品、物料实际产量或者实际用量及收集到的损耗之和与理论产量或者理论用量之间的比较,并考虑可以允许的偏差范围。

验证：证明任何操作规程或者方法、生产工艺或者设备系统能够达到预期结果的一系列活动。

第六十五条　仅从事半成品配制的化妆品注册人、备案人以及受托生产企业应当按照本规范要求组织生产。其出厂的产品标注的标签应当至少包括产品名称、企业名称、规格、贮存条件、使用期限等信息。

第六十六条　牙膏生产质量管理按照本规范执行。

第六十七条　本规范自 2022 年 7 月 1 日起施行。

附：1. 化妆品生产电子记录要求

　　2. 化妆品生产车间环境要求

附1

化妆品生产电子记录要求

采用计算机（电子化）系统（以下简称"系统"）生成、保存记录或者数据的，应当采取相应的管理措施与技术手段，制定操作规程，确保生成和保存的数据或者信息真实、完整、准确、可追溯。

电子记录至少应当实现原有纸质记录的同等功能，满足活动管理要求。对于电子记录和纸质记录并存的情况，应当在操作规程和管理制度中明确规定作为基准的形式。

采用电子记录的系统应当满足以下功能要求：

（一）系统应当经过验证，确保记录时间与系统时间的一致性以及数据、信息的真实性、准确性；

（二）能够显示电子记录的所有数据，生成的数据可以阅读并能够打印；

（三）具有保证数据安全性的有效措施。系统生成的数据应当定期备份，数据的备份与删除应当有相应记录，系统变更、升级或者退役，应当采取措施保证原系统数据在规定的保存期限内能够进行查阅与追溯；

（四）确保登录用户的唯一性与可追溯性。规定用户登录权限，确保只有具有登录、修改、编辑权限的人员方可登录并操作。当采用电子签名时，应当符合《中华人民共和国电子签名法》的相关法规规定；

（五）系统应当建立有效的轨迹自动跟踪系统，能够对登录、修改、复制、打印等行为进行跟踪与查询；

（六）应当记录对系统操作的相关信息，至少包括操作者、操作时间、操作过程、操作原因，数据的产生、修改、删除、再处理、重新命名、转移，对系统的设置、配置、参数及时间戳的变更或者修改等内容。

附 2

化妆品生产车间环境要求

区域划分	产品类别	生产工序	控制指标	
			环境参数	其他参数
洁净区	眼部护肤类化妆品④、儿童护肤类化妆品④、牙膏	半成品贮存①、填充、灌装，清洁容器与器具贮存	悬浮粒子②： ≥0.5μm 的粒子数 ≤10 500 000 个 /m³ ≥5μm 的粒子数 ≤60 000 个 /m³ 浮游菌②： ≤500cfu/m³ 沉降菌②： ≤15cfu/30min	静压差：相对于一般生产区≥10Pa，相对于准洁净区≥5Pa
准洁净区	眼部护肤类化妆品④、儿童护肤类化妆品④、牙膏	称量、配制、缓冲、更衣	空气中细菌菌落总数③： ≤1 000cfu/m³	
	其他化妆品	半成品贮存①、填充、灌装，清洁容器与器具贮存、称量、配制、缓冲、更衣		
一般生产区	/	包装、贮存等	保持整洁	

注：① 企业配制、半成品贮存、填充、灌装等生产工序采用全封闭管道的，可以不设置半成品贮存间。

② 测试方法参照《GB/T 16292 医药工业洁净室（区）悬浮粒子的测试方法》《GB/T 16293 医药工业洁净室（区）浮游菌的测试方法》《GB/T 16294 医药工业洁净室（区）沉降菌的测试方法》的有关规定。

③ 测试方法参照《GB 15979 一次性使用卫生用品卫生标准》或者《GB/T 16293 医药工业洁净室（区）浮游菌的测试方法》的有关规定。

④ 生产施用于眼部皮肤表面以及儿童皮肤、口唇表面，以清洁、保护为目的的驻留类化妆品的（粉剂化妆品除外），其半成品贮存、填充、灌装、清洁容器与器具贮存应当符合生产车间洁净区的要求。